花园色彩
搭配与应用

著 / ［英］罗斯·贝顿

［英］理查德·斯内斯比

译 / 光合作用

长江出版传媒 湖北科学技术出版社

花园色彩
搭配与应用

著 / ［英］罗斯·贝顿

［英］理查德·斯内斯比

译 / 光合作用

长江出版传媒 Ⓚ湖北科学技术出版社

图书在版编目（CIP）数据

花园色彩搭配与应用 /（英）罗斯·贝顿 (Ross Bayton)，
（英）理查德·斯内斯比 (Richard Sneesby) 著；光合作用
译 . -- 武汉：湖北科学技术出版社，2024. 10. -- ISBN 978
-7-5706-3610-5

Ⅰ . S68

中国国家版本馆 CIP 数据核字第 2024AB6623 号

花园色彩搭配与应用
HUAYUAN SECAI DAPEI YU YINGYONG

责任编辑：罗晨薇
责任校对：李子皓　张　婕　　　　　　　　　　　　　　　封面设计：曾雅明

出版发行：湖北科学技术出版社
地　　址：武汉市雄楚大街 268 号（湖北出版文化城 B 座 13—14 层）
电　　话：027-87679468　　　　　　　　　　　　　　　邮　编：430070

印　　刷：鹤山雅图仕印刷有限公司　　　　　　　　　　　邮　编：430035

889×1194　　　　1/16　　　　　　　　　16 印张　　　360 千字
2024 年 10 月第 1 版　　　　　　　　　2024 年 10 月第 1 次印刷
定　价：88.00 元

目录

红   66

橙   84

黄   102

绿   120

引言

什么是保证花园或者公共空间成功建造的最重要因素？这个简单问题的答案，许多人都在追寻。对此，多所大学院校、个人和包括英国皇家园艺学会在内的组织开展了调查研究，向建造花园的人们寻求答案。

调查结果颇为一致，答案是色彩。诚然，作为一个关乎健康福祉、植物种植、野生动物栖息地以及社交聚会的场所，花园的设计、易用性和结构非常重要。但色彩常常才是首选答案，或者说处于备选因素当中第一梯队的位置。看来，色彩是欣赏花园的基础。

这对于所有喜欢花园的人来说是个好消息，因为我们可以尽情"泼洒"色彩。不仅如此，不同于其他大部分人造空间，我们不必满足于单一的色彩构成。花园是鲜活而充满变化的，光线与天气的变幻，每日、每月、每季的更迭都会投射在花园当中。我们可以通过有意识的搭配，打造出一年不少于 3 套配色的花园。我们可以选取和谐或冲突的色彩，可以将柔和与明亮动感做组合，可以汲取或扩展自然环境

下图

这组让人移不开眼的搭配是由热烈盛放的开花植物——大丽花、堆心菊、醉蝶花，以及多彩的观叶植物——玉簪、矾根、黄栌和观赏草组成的。

中的颜色，也可以引入周遭没有的色彩，从而打造出全然不同的空间。

但色彩难道不是非常个人化的喜好吗？本书的主旨并不在于比较色彩、配色之间的优劣，而是在于阐述哪些颜色适合搭配在一起或者单独使用。因此，你可以在本书的基础上尽情地复制和拓展，或搭配出属于自己的色彩。充分理解色彩有助于建立风格，勾勒视觉画面，布置户外活动场所，打造不仅美观还能吸引野生动物的场所，或者搭建含有故事情节的空间。

如何使用本书

本书将整个色谱大致分为 11 种颜色。虽然黑、白、灰这 3 种颜色并不包含在光谱中，但它们在花园中发挥了重要作用，所以也被囊括在内。从一开始我们就认识到色彩是一种视觉现象，相对于文字，图片能更直观地展示色彩。本书"色彩基础知识"部分阐述了色彩的原理以及色彩如何在花园中发挥作用。"色彩"部分详细探讨了每种颜色，并介绍了如何将主色与其他颜色搭配以呈现不同的视觉效果。图片页面列举出了植物的主要色彩特征，附带植株高度、冠幅、光照、土壤以及花期等信息。下方的英国皇家园艺学会植物耐寒等级表列出了植物的耐寒程度。如果你喜欢某种特定的植物色彩效果，可以对照表中的信息查看是否适合你的花园。

我们很高兴能将这些信息集结成册。能从那些美丽的花园、设计和植物搭配中汲取灵感是一种享受。希望本书能对你有所启发。

英国皇家园艺学会植物耐寒等级表

等级	温度范围（℃）	分类
H1a	>15	加温温室–热带
H1b	10 ~ 15	加温温室–亚热带
H1c	5 ~ 10	加温温室–温带
H2	1 ~ 5	不耐寒–凉爽或无霜温室
H3	1 ~ –5	半耐寒–不加温温室/暖冬
H4	–10 ~ –5	耐寒––一般冬季
H5	–15 ~ –10	耐寒–寒冷冬季
H6	–20 ~ –15	耐寒–严寒冬季
H7	<-20	极耐寒

上篇
色彩基础知识

色彩的科学

　　在所有感觉中，人类探寻周遭主要靠视觉。我们的眼睛接收到来自周围物体反射的光线，大脑对此进行解读，继而创造出一幅幅画面。光的颜色是由光的波长决定的，我们对其的感知能力则取决于眼睛的结构。树叶的绿色往往被视为是一种固有属性，但其实我们看到的颜色取决于光的反射和我们对颜色的辨识能力。

眼睛的起源

　　人眼的工作原理与照相机相似。光线通过光圈进入，由镜头聚焦到感光表面。在数码相机中，这个表面是电子传感器，而在传统相机中则是摄影胶片。快门控制进入相机的光量。在人眼中，虹膜代替了快门，瞳孔即光圈，而视网膜则构成了感光表面。在视网膜内，感光细胞检测到光线并产生电信号，通过视神经传递到大脑。

　　眼睛的进化过程很复杂，主要经历了 4 个阶段。在早期，眼睛根本算不上是眼睛，不过是简单的感光细胞，仅能感受光线的明暗。在第二阶段，部分感光细胞蒙上了深色的色素，从而能分辨出光是从哪个方向来的。动物因此可以躲避捕食者。在第三阶段，无数受到屏蔽的感光细胞聚集在了一起，使得动物能在明暗中构建出对世界的认知画面。眼睛进化至第四阶段方能被称为眼睛——此时晶状体能聚焦光线，从而创造出清晰的图像。一些科学家认为，晶状体的发育使得动物间的相互猎杀变得更为有效，物种演化的"军备竞赛"由此展开。随着捕食者和猎物的眼睛进化得越来越复杂，捕食或逃跑的效率也越来越高。晶状体让动物能看到更多的细节，但看到的画面仍不是彩色的。

看到红色

　　人的色彩感知主要通过视网膜上的感光细胞实现。每个人的眼睛里大约有 1.26 亿个感光细胞，根据它们的形状，可分为视杆细胞和视锥细胞。视杆细胞占所有感光细胞的 95% 左右。它们对明暗、形状和运动都很敏感，但它们并不能分辨颜色。而视锥细胞最重要的功能特点是分辨颜色。每个视锥细胞都含有一种蛋白质，当暴露在一特定波长的光线下时，这种蛋白质会发生化学反应。色盲可能是由基因异常造成的，视网膜中缺少了 3 种视锥细胞中的某一种或几种。在夜间，人类所看到的影像也不是彩色的，因为只有超级敏感的视杆细胞才能在弱光下发挥作用，而它们无法分辨颜色。

　　在哺乳动物中，人类不同寻常，因为有 3 种视锥细胞（即三色视觉），可以分别接受红、绿、蓝三种基本光线的刺激。狗和其他大多数哺乳动物只有 2 种视锥细胞（即二色视觉），因此它们能看到的色彩范围更为有限。许多鸟类和昆虫则有 4 种视锥细

胞(即四色视觉)，它们对颜色比人类更敏感。为什么会有这种差异？色彩视觉的类型可能与栖息地相关。鲸鱼和海豹等海洋哺乳动物，以及一些夜间活动的物种，如浣熊，只有一种视锥细胞(即单色视觉)。如果你生活在水下或只在夜间活动，那么颜色就不那么重要了。

人类和其他灵长类动物的三色视觉可能起源于饮食。大多数哺乳动物缺乏对红色敏感的视锥细胞，但人类却能够发现挂在树上的鲜艳果实。对红色的敏感也可能具有社交功能：许多灵长类动物用因充血而发红的脸部，又或是身体的其他部位，来表达自己的感情。人类早已远离树栖环境，但对红色仍然非常敏感，这就是红色被用于警告标志、交通灯、化妆品和广告中的原因。

颜色光谱

　　花园里的植物仰仗太阳发出的光而蓬勃生长。阳光是一种电磁辐射，每种辐射都有其特有的波长和频率范围。大多数电磁辐射，包括微波、无线电波、X射线和γ射线，人类是看不到的。有一个狭窄的波段，人类可以感知，它被称为可见光，包括彩虹的所有颜色，从紫色到红色，当这些颜色的光汇集在一起时，就形成了白光。

　　借助一块棱镜就能把白光的颜色分解显露出来，棱镜通常是一块有斜边的玻璃。当白光穿过棱镜时会发生偏移，以不同的角度射出。偏移程度取决于波长，波长越短，光的偏移就越大。红光的波长在可见光中最长，所以偏移最小，而紫光的偏移最大。一束白光穿过棱镜，白光则被分解成一条条色彩斑斓的光谱。彩虹的形成就是这个原理，雨滴在此充当了微型棱镜。雨滴是球形的，因此太阳光不仅被分解成不同颜色的光，还会从雨滴的内壁上反射回来，观者就会看到彩虹。

上图
人眼中的雏菊中心。

上图
昆虫眼中的雏菊中心。

反射和吸收

番茄的颜色是由它与光的相互作用决定的。当阳光照射在任意物体上时，光线可以被透射、反射或吸收。当物体是透明的时候，光线会被透射，就像玻璃一样，但显然番茄不会是透明的。相反，番茄吸收了大部分的光，但反射了红光，所以看起来是红色的。绿色的叶子能反射绿色的光，而黄色的向日葵则能反射黄色的光。白色的花能同时反射所有色光，而黑色的花则能吸收所有色光，不反射任何光。

究竟是什么决定了哪些颜色的光会被吸收或反射呢？答案就是电子。这些原子内的微小带电粒子会振动，如果它们的振动频率与光波的频率一致，那么该光波就会被吸收。当频率不一致时，光波就会被透射或反射。植物体内天然存在的色素决定光是被吸收还是被反射，从而最终成了植物的可见色。大多数植物都含有一系列不同的色素：有些是参与光合作用的基本成分，而有些则赋予花朵和果实醒目色彩。光合色素主要吸收红光和蓝光，反射绿光，正是这些色素的化学结构决定了它们与光波的相互作用。

对页

许多雏菊的花朵在授粉昆虫眼中，与人眼所看到的截然不同。这朵非洲菊的中央会反射紫外线（右），所以比花朵的其他部分显得更亮，从而引导昆虫找到"领赏之处"。

看不见的色彩

对园丁而言，我们只关心可见光谱上的颜色，但花园中的有些到访者则可以看到这个狭窄波长范围之外的东西。紫外线在光谱上位于紫光之外，有些鸟类和昆虫能看到它。紫外线对生物组织会造成伤害；对人类来说，它会损伤皮肤细胞中的DNA。为了减少这种伤害，人体内会形成黑色素，而黑色素能吸收紫外线。这就是暴露在阳光下会使我们晒黑的原因。植物也有受到紫外线伤害的风险，同样会产生能够吸收紫外线的色素——主要是一类叫作酚类的化合物。植物由于扎根于土壤之中，无法躲避阳光的照射，所以这种天然的防晒剂是必不可少的。蟹爪兰为仙人掌科仙人指属植物，它的茎通常都是绿色的，要是把蟹爪兰从阴凉处挪到光亮的地方，茎就会泛紫。这种保护性色素的形成是其应对光照增加的一种自我防卫。

人眼看是单色的花，在紫外线下观察时，往往会呈现出明显的图案。花朵通过改变其花瓣中能吸收紫外线的色素的分布，从而生成授粉昆虫可以看到的独特标记。"靶心"状图案尤为常见，即花的中心吸收紫外线，因而看上去比反射紫外线的花瓣尖端显得色深。科学研究表明，这些图案增加了授粉昆虫的访花次数。食虫植物也会利用这一现象：一些植物的花瓣上分布有能吸收紫外线的色素，设下陷阱引诱那些"倒霉虫"。

无关颜料的色彩

我们看到的颜色大都是化学颜料本身的颜色，但有些植物则进化出了能影响光反射的结构。毛茛属植物因其亮闪闪的黄色花朵而闻名。和大多数花朵一样，这种黄色由能反射黄光的色素产生，而花瓣的外层，也就是表皮的结构放大了反射效果。这不仅仅是因为表皮细胞非常平整，反射效果好，而且表皮下薄薄的一层空气能反射光线，更强化了整体效果。

我们把光线经由多层反射被强化的效果称为虹彩。这种随角异色的特性在动物身上颇为普遍，例如椋鸟羽毛和蝴蝶翅膀上的金属光泽，但在植物身上却不多见。孔雀秋海棠是一个例外，它的绿色叶片闪着特有的蓝光。产生这种颜色并非色素的缘故；蓝光是由叶片内部高度组织化的组织层反射而来的。这些秋海棠生长在热带雨林的阴凉处，叶片的排列方式能使植物更有效地吸收光线，反射蓝光不过是一种令人愉悦的意外收获。变色的叶片多见于阴生植物，如藤卷柏和灰蓝尾萼兰，也会出现在一些生长在高海拔地区的植物上，如星蔺花属植物。

对授粉动物而言，变色的叶片无疑是植物魅力的一部分。土蜂兰得名于花朵中央泛着蓝色的斑块。花朵的形态看上去和为之传粉的昆虫极为相似，昆虫可不是冲着食物来造访的，而是为了与这些花朵"交尾"。花瓣周围饰有一圈穗须，光亮的表面很可能是在模仿授粉昆虫的身体。和毛茛属植物一样，这种光泽得益于花瓣光滑的表皮细胞，能轻轻松松地把光线反射出去。

缩序杜若（俗称：大理石浆果），是一种来自非洲热带雨林的草本植物，结出的浆果有着如彩虹般斑斓变幻的色泽，可与蝴蝶闪烁的蓝光相媲美。在表象之下，果实中含有大量细小的纤维，呈螺旋状排列，可以反射特定波长的光线。它们还能改变其他波长的光线，调整到与反射光相匹配。这就增强了浆果的光泽。大多数水果的颜色是由色素决定的，而色素会随着时间的推移而消退，但大理石浆果的颜色是结构色，只要浆果保存完好，颜色保持几十年也不成问题。

表象之上

虹彩现象是由表层及其下的结构造成的，而依附于表面的毛和鳞片也会影响颜色。许多铁兰属植物浑身上下覆盖着能吸水的鳞片。干燥时，它们会反射光线，呈现银色；但潮湿时，鳞片会变得透明，光线可以透过它，因此你可以看到鳞片下的绿色叶片。铁兰属植物通常附生在树枝

对页，左上图

铁兰属植物（俗称：空气凤梨）浑身上下覆盖着鳞片，鳞片可以吸收雨水和雾气中的水分。这层"外衣"使它们看上去银闪闪的，要是遇到潮湿环境，鳞片会变得透明，植株则呈现绿色。

对页，右上图

许多耐旱的多肉植物表面都有一层蜡质层，这株拟石莲花就是如此。蜡质层可以反射具有伤害性的紫外线，减少叶片的水分蒸发。蜡质层使这类植物呈现出蓝色或银色的外观。

对页，左下图

卷柏属的孔雀蕨和许多林下植物一样，其叶色会因光线变化而呈现如彩虹般斑斓的变化。叶内的细胞层叠排列，井井有条，射入的光线会被反射出去，从而形成这种效果。在这个过程中，大部分光线被吸收，但有一些蓝光被反射出来。

对页，右下图

土蜂兰的花瓣中唇瓣的个头最大，中间有闪亮的虹彩色斑。唇瓣四周毛茸茸的，花朵酷似胡蜂，这种假象足以吸引雄蜂前来与花朵"交尾"，授粉也就完成了。

上，因此水分吸收主要靠鳞片。生长在干旱环境中的品种的鳞片比在潮湿环境中的品种更多，看起来也就更为银光闪闪。额外的鳞片不仅有助于吸收更多的水分，还能保护植物免受紫外线辐射。

许多植物的叶片覆有蜡质层或长着茸毛，这可以从根本上改变植物的颜色和外观。植物可以通过叶片上的气孔进行气体交换。不幸的是，水蒸气会流失，但蜡质层和茸毛能够减少水分蒸腾。覆有蜡质层或长着茸毛的叶片通常是白色或银色的，因此可以反射太阳辐射。为花园选择植物时，叶片覆有蜡质层或长着茸毛的植物都可以放置在干燥、阳光充足的位置。

我们在花园中所看到的颜色是阳光与物体相互作用后，通过眼和脑所产生的一种视觉效应。我们对周围世界的视觉感知取决于眼睛内大量的感光细胞，以及大脑如何解读所收到的信号。总之，色彩是复杂的。

植物的色彩

　　从绽放的花朵到多汁的浆果，从剥落的树皮到变色的秋叶，植物以各种形式表现色彩。通过精心搭配这些元素，园丁可以打造出色彩丰富、质感多样的景观。当然，植物并非为了我们而产生色彩，它们是为了完成自身的使命。色彩，能吸引昆虫前来授粉，或让鸟类采食后把种子散播到远处。

绿色生活

　　叶片就是食物工厂。在阳光的作用下，植物的叶片利用水和二氧化碳，生产出碳水化合物和氧气，这就是光合作用，其重要性不言而喻。植物依赖碳水化合物生存生长，草食动物以植物为食，然后被肉食动物捕食。因此，在食物链中，植物一般都位于起点。我们离不开光合作用，不仅仅是因为它为我们提供了食物，还制造出我们呼吸的氧气。植物中有被称为叶绿体的微小结构，光合作用的进行完全依赖于叶绿体中的色素，主要是叶绿素。叶绿素主要存在于叶片中，但也出现在其他绿色组织里。

　　和所有其他色素一样，叶绿素可吸收或反射不同波长的光线。植物大量吸收蓝光与红光，而把绿光反射出去，因此我们眼睛看到的大部分植物都呈现绿色。叶绿素吸收和传递阳光中的能量，实现光化学反应。镁是构成叶绿素的重要成分，可由植物的根从土壤中吸收。但土壤中的镁含量并非永远充足，缺乏镁元素的植物的叶肉部分很快会变黄。基因异常也可能导致叶绿素缺乏，白化的植物无法形成叶绿素，通常难以存活。

　　叶片中叶绿素的数量及种类，可能会因其受光量不同而发生变化。荫蔽处的叶片通

左图
　　叶绿素是一种绿色的色素，因其参与光合作用，对植物而言必不可少。秋天，降温预示着生长季将要结束，植物开始回收叶绿素，于是，随着留存在叶片中的类胡萝卜素逐渐增多，叶片开始变色。

常比完全接受光照的叶片显得色深，因为植物会通过提高叶绿素含量来增加光合作用的效率。

其他色彩

叶绿素并非光合作用涉及的唯一色素，类胡萝卜素也在吸收光线上起着作用。类胡萝卜素得名于最早从胡萝卜中提取出的胡萝卜素，我们可以在植物的果实、花朵、根系中找到这些橙色、红色与黄色的色素。此外还有另外两种打造植物色彩的色素——花青素与甜菜素，二者均不直接参与光合作用。花青素主要呈红色、紫色或蓝色，存在于植物的各个部位中，比如樱桃和红紫甘蓝的色彩。甜菜素包括甜菜红色素和甜菜黄色素，只存在于石竹目植物中，当中包括仙人掌、香石竹、甜菜等植物。

在一年中的大部分时间里，绝大多数叶片都是绿色的，但当冬天临近时，落叶植物常会改变叶色。在落叶前，植株会回收叶绿素，为来年春天备用。一旦绿色褪去，叶片中现存的类胡萝卜素使叶片呈现出黄色、橙色等颜色。而有一些植物，在晚秋时还会合成花青素，为叶色增添红紫色调。大部分植物的花色都是固定的，但秋叶色彩不一样，环境因素的影响很大，比如光线、温度以及土壤酸碱度。凉爽、干燥、晴朗的秋日天气以及酸性的土壤，都能使植物的观赏效果更佳。但秋天并非唯一展现叶色变化的季节，比如马醉木属植物，春天的新生枝叶是红色的，然后再逐渐变绿。原因可能在于尚未成熟的柔软叶片容易被采食，但不含叶绿素的话，营养价值则比较低，草食动物可能会选择不吃。虽说叶色通常以绿色为主，但叶片偶尔会上演一场色彩盛宴，让花朵也相形失色。

右图

植物体内含有多种色素，其中一类重要色素叫花青素。它们使花朵、果实、叶片显现出红、紫、蓝或黑色。绿绒蒿属植物便依靠花青素使其花瓣呈蓝色。

花朵的力量

　　没有哪个植物器官，能比花朵为花园贡献出更多色彩。花色几乎囊括了所有色系，既可以是单色的，也可以是组合色调，其多样性让人叹为观止。花朵是生物学意义上的广告牌，它以靓丽的色彩结合形状与气味，来吸引造访者，并报以甜美的花蜜或营养丰富的花粉。这些造访者便是授粉动物，对于无法移动的植物来说，它们起着重要作用。授粉动物将一株植物的花粉带到另一株植物上去，从而实现有性生殖。但授粉动物的种类和数量是有限的，因此植物演化出如此之多的花色与形态，为吸引授粉动物而展开竞争。

　　当中最卖力的是花瓣。尽管一部分花拥有彩色的萼片和苞片（见第24页），但花瓣通常都是植物上最鲜艳的部位。传粉是指把花粉从一朵花上传播到另一朵花的柱头上，花粉中的精细胞与胚珠中的卵细胞结合形成受精卵。胚珠成功受精的关键在于花粉能落在另一朵花的柱头上。因此，一些花利用了授粉动物，保证花粉得以送达到正确的位置。

最佳搭档

　　不少花的结构作用之一是吸引授粉动物。美洲的蜂鸟在花前徘徊悬停，而不降落停留在花上。在亚洲和非洲没有蜂鸟，但有太阳鸟，它们并不悬停。因此，那些想吸引太阳鸟的花必须拥有让其停留的强韧花茎。像好望角芦荟和鹤望兰都有让太阳鸟停留的坚韧构造，而由蜂鸟授粉的红衣半边莲则没有。色彩是吸引授粉动物的最重要因素，部分授粉动物对于色彩的喜好大相径庭。鸟类能分辨出的颜色远远多于人类，而它们的眼睛对红色尤为敏感，因此，当发现众多由鸟类授粉的花朵都是红色时，也就不叫人吃惊了。许多蝙蝠与飞蛾也是授粉动物，但因为它们通常在夜间活动，难以辨别色彩，所以它们的目标植物通常开出白色的花。举个例子，巨人柱由蝙蝠授粉，而飞蛾则为林烟草授粉。蜜蜂、蝴蝶、食蚜蝇这些昆虫是最常见的授粉动物，它们对颜色并不挑剔，靠它们授粉的花朵不太可能与其建立起专属关系，因此不是所有花粉都能送达到正确的位置，但这个缺陷被数量抵消了，因为这些昆虫数量众多，总能保证一部分花粉能到达目的地。但并非所有植物都需要授粉动物，大部分草类及诸如栎属、桦木属的树木会大量释放花粉，并利用风力传播。因为不需要授粉动物参与，这些植物不需要开出耀眼夺目的花朵，花色通常都是绿色或褐色的。

左上图

欧洲七叶树的花在受精后会变色。引导昆虫找寻和采食花蜜的黄色条纹会变红，似乎在告诉昆虫别浪费时间探访这朵花了：花已受精，没有花蜜了。

右上图

大部分植物遵循遗传性状开出花色恒定的花，但绣球不一样，其花色会随土壤酸碱度而变化。在酸性土壤中，铝离子是可溶的，它被植株吸收后与花瓣中的色素发生反应，从而使花瓣变蓝。而在碱性土壤里，绣球花是粉红色的。

花语

花朵鲜艳的颜色是为了吸引授粉动物，植物还可以通过改变颜色巧妙地传递信息。欧洲七叶树的花是白色的，但花上有彩色条纹以引导蜜蜂吸食花蜜。当蜜蜂吸完了花蜜后，黄色条纹会渐渐变红，而变色后的花朵便不会再有蜜蜂探访。海仙花还会整朵变色，从白色到粉红色再到红色。少花鸳鸯茉莉也是如此，它在英语中有个可爱的俗名"昨天 – 今天 – 明天"，花朵从紫罗兰色到浅薰衣草色，最后变成白色。变色是因为花已开了一段时间，或者已经授粉，似乎是向授粉动物发出信号，告诉它们不用浪费时间探访已完成授粉的花。那花瓣为什么不在授粉后直接脱落呢？有理论指出，保留花瓣能维持一个更抢眼的整体外观，从而吸引远近的授粉动物。反正这对园丁肯定是个好处！

花朵变色也可能跟授粉无关。绣球的花瓣中含有一种色素，会与从土壤中吸收的铝离子结合，从而呈蓝色。土壤呈碱性时，因铝离子无法持续溶解，不易被根系吸收，花会呈现粉红色；而土壤呈酸性时，铝变得可溶继而被根系吸收，导致花朵转为蓝色。这些绣球就是活着的石蕊试纸，但花朵变色是否会影响授粉动物探访，目前尚不明晰。

果实的色彩难题

果实色彩缤纷，其原因跟花朵有颜色是一样的。果实颜色鲜艳，能够诱使动物摄食，动物之后会把果实中的种子散播到远离亲本植株的地方。食果动物的这一行为，保证了当种子发芽时，幼苗不必与亲本植株争夺光照、水分与土壤养分。同时，还让植物得以开拓新领土，扩大种群分布。但并非所有果实都是彩色的，靠风力散播或者以钩刺挂到动物皮毛上散播种子，其果实通常呈绿色或褐色。然而和花朵相比，果实的色彩种类比你想象的要少得多。果实是胚珠受精后从子房发育而来的，因此我们推定果实和花朵经历了相似的进化时间，然而果实的色彩种类大约只有花朵的一半。红色与黑色可能是最常见的颜色，白色、蓝色和黄色的果实比较不常见。为什么会出现这种差异呢？

每种植物都是独特的，都有自己独特的生长环境，但花朵需要"回访"，而果实不需要。大部分花朵需要授粉动物带走花粉，同时需要接收来自另一朵花的花粉。独特的色彩让授粉动物更有可能找到同一物种的两朵花，实现异花授粉。了解这套理论后，对于植物演化出如此多的花色也许就并不奇怪了。而果实通过保持一种常见的色彩，可能会增加替其传播种子的动物种类。像结红果的植物会有不同的动物前来觅食，保证了种子能广泛地、远距离地传播。

下图
野葡萄的果实因含有花青素而呈现紫色，吸引动物前来采食并传播种子。然而，在过去几个世纪中人类都在进行葡萄杂交育种研究，因一个微小的基因变化，完全不含紫色色素的葡萄被选育出来了。

右图
灯笼果的果实藏在纸质般的萼片中，当萼片从绿色变成橙色时，宣告果实成熟可食。然而大部分果实并不具备这种外层，而是通过改变果皮的颜色来宣告其适口性的变化。

由绿变红

相比花朵，有更多果实通过变色来传递信息。经验告诉我们，绿色浆果硬且酸，不宜食用，而红色或黑色的果实则甜软可口。随着果实慢慢成熟，果实体内的叶绿素会逐渐被分解，其他色素的颜色便会呈现出来，同时淀粉分解成具有甜味的糖类。像苹果和番茄这些果实会产生乙烯气体，加速果实的成熟。

果实变色，同时质感变软、甜度增加，都会吸引动物采食这些成熟的果实，此时当中的种子也已发育完成。但果实的颜色也可能传递着其他更微妙的信息。类胡萝卜素和花青素这两类色素决定了大部分的果实色彩，而像美洲雀和大山雀这些鸟类的羽毛色彩也源自类胡萝卜素，植物中含有类胡萝卜素，一些鸟类会寻找富含这些色彩的植物作为食物。花青素是一种抗氧化剂，研究表明一些鸟类会挑选花青素浓度最高的果实。抗氧化剂有助于保护细胞，减少细胞的伤害，鸟类因选食相应颜色的果实而受益。

一绿到底

成熟的果实用色彩来吸引动物前来采食，但一些果实即便成熟了却还是绿色的。白葡萄是人们通过红葡萄培育的，基因突变导致果实即便已经成熟，仍无法合成花青素。青苹果、醋栗、酸橙的诞生也可能经过了人工培育。牛油果和黄瓜则天生呈现绿色，牛油果硕大的果实难以被动物采食和传播，但黄瓜成熟后会掉落在地上并裂开，通过气味吸引动物前来咬开分食。

花样树皮

　　隆冬时分，色彩成了稀缺品。失去了大部分花朵、果实与叶片的花园看起来颇为单调，但树皮可以拯救这一局面。它有不同的质地，或光滑或粗糙，可自然剥落，也能组成纹样，同时还呈现出一些亮眼色彩。树皮不是单一的组织，而是指覆盖在树干表面的外皮层，它通常由多个不同的组织层构成。我们熟悉的大部分树皮都是褐色的，因为树皮含有单宁酸、木质素这些复合物。但亮眼的树皮色彩确实存在，主要出现在未成熟的枝条或剥落的树皮上。

　　未成熟的枝条因含有叶绿素通常呈绿色，但一些山茱萸属和柳属植物的嫩枝还有抢眼的红色、黄色、橙色。随着时间推移，它们长出了色彩要黯淡得多的树皮，于是园丁们通过齐平式修剪来促进艳丽新枝的萌发。

　　成熟的树皮通常呈褐色，但随着时间推移，树皮开裂后会展示出表层下鲜艳的色彩。白皮松在成熟的过程中会形成独特的斑纹，而剥桉在树皮剥落时展示出让人眼花缭乱的色彩。一些桦树白得发光的树皮，可能有助于保护植株免受冬季伤害，因为白色树皮能反射阳光，从而减少温度骤然变化带来的伤害。竹子是高大的草本植物，它们没有形成层或树皮，但竹竿也展示出各种赏心悦目的色彩，比如说黄色的竹竿，因缺少一部分叶绿素进行光合作用而呈黄色。

苞片、种子与根

　　显而易见，花朵与果实进化出颜色以吸引动物，但一些植物利用彩色的叶片和种子也能达到相同的目的。一品红的黄色小花被亮红色的叶片包围，这些叶片我们称之为苞片。有苞片的植物通常会把花群聚一起，花瓣很小，比如大花四照花、美叶光萼荷这些植物。它们不是为每朵花配备艳丽的花瓣，而是长出一组在整个繁殖季都保持色彩的苞片。苞片与花朵通常有不同的颜色，这种对比可能有助于授粉动物在苞片中间找出花朵。色彩缤纷的种子同样富有吸引力，相思子的果实是单调的褐色，但里面包含亮眼的红色和黑色种子，易于吸引鸟类采食。

　　根系的色彩在花园中扮演着微不足道的角色。但胡萝卜、甜菜、马铃薯这些作物的根部之所以色彩缤纷，是人类的综合性选择。举个例子，野生的胡萝卜是白色的，但当问起胡萝卜是什么颜色时，所有人都会回答橙色。胡萝卜素

使得胡萝卜呈橙色，它是一种抗氧化剂，使得现今栽培的胡萝卜比野生胡萝卜有着更高的营养价值。拥有彩色根系的植物还包括血根草和黄根木，这些植物色素有毒，起到保护植株不被啃食的作用。

警告信号

某些动物的体色具有警戒作用，让捕食者知道它们有毒，但这一原则在植物中并不广泛适用。有趣的是，有不少具有警戒色的动物通过采食有毒植物来使自己获得毒性。长满刺的多浆植物可能也在利用警戒色。一些仙人掌长了艳丽的刺，可能用于吓退饥肠辘辘的草食动物。绢毛蔷薇的刺无疑色彩夸张，草食动物不可能视而不见。在南美，西番莲属植物的叶片上长出了黄色斑点，主要是为了警告蝴蝶别在这些叶片上产卵，因为这些斑点模仿了蝶卵的形态，而雌蝶不会在已经被占了位的植株上产卵。

人工选育

　　几千年来，为了应对不断变化的环境，自然界中植物的颜色不断演变。花朵的颜色多种多样是植物为了吸引传粉媒介而发生的进化，而树叶为了防止被啃食则进化得五彩斑斓，不过有些色素会含有毒性。在花园里，自然选择并不是植物进化的唯一动力，人类也参与其中，选育出那些花朵较大的、更香的、抗病虫害的品种。历经许多代以后，植物的颜色种类不断更新。以香豌豆（一年生攀缘植物，开紫色花，原产于地中海）为例，英国皇家园艺学会目前所列的900多个园艺品种中，大部分都是在花色上有差异。

　　人工选育，即遴选那些具有优势特征的植物。这些植物可能通过自然遗传突变产生优势性状。周游在世界各地的植物收集者们总是对已知植物的新形态格外关注。海州常山的果实是蓝色的，而宿存的萼片呈红色，但在日本发现的一株海州常山，因为长有白色的萼片而引起了一位植物收集者的注意，这个现称为'白鹭'的品种，为花园增添了色彩。

杂交

选育利用的是自然发生的变异优势，但园丁和植物育种者们则通过杂交人工创造出变异。选取两个具有不同优良性状的亲本植物进行杂交，就有可能获得同时带有双亲优良性状的后代。

以几类著名的植物为例，比如蔷薇属、萱草属、水仙属植物，新品种大多是通过不同品种间杂交而获得的。连续几代只选取外形美观的后代，最终获得的植物与它们的野生祖先们只隐约相似，花的颜色与形状千奇百变。仅就萱草属植物而言，英国皇家园艺学会植物名录大全在列的园艺品种就有近5000种。

杂交的目的不只是改变花的颜色与形状，也可以改变叶子颜色。改变叶子的颜色更具挑战性，因为叶子的颜色来自叶绿素，而叶绿素是植物进行光合作用不可或缺的因素。如果没有这些色素，植物就会死亡。有三类改良后的叶子颜色尤为常见：花叶、紫色叶和金色叶。紫色叶植物除了含有叶绿素，另含有花青素；而金色叶植物所含的叶绿素种类不全，所以呈黄绿色。因为缺乏叶绿素，花叶植物的叶子上会有色斑（通常茎干和果实上比较少）；色斑处可能缺失全部叶绿素（呈白色斑），或者只含部分叶绿素（呈金色斑）。

某些植物会自然产生花叶，比如青木；某些植物因基因异常或者遭受病毒感染而产生花叶。因为不能进行有效的光合作用，竞争不过所有绿色植物，所以发生突变的植物通常不能在自然界中存活。而在花园里，稍加呵护，它们就能茁壮成长。值得注意的是，不是所有叶色的突变都是稳定的，有一些叶片还会重新变回绿色；只要小心地把变回绿叶的茎干修剪掉就能保全这些植物。植物育种者用突变植株进行繁殖，经过精心的杂交育种，某些情况下能改进叶子的颜色和形状。

转基因

数百年来，植物育种者可用的杂交方法并未发生过实质性的变化，直到最近才有了改观。杂交育种所得的植物及其后代都是通过扦插繁殖的。基因工程的飞速发展预示着不需要几代的繁育，就能对植物基因组进行实质性改变。多年以来，植物育种者一直在试图研发出蓝色的月季、黄色的香豌豆或者红色的水仙，但成效甚微。而未来，植物育种者可通过转基因技术开发出超越传统育种技术的新色系。目前，转基因技术很大程度上仅限于农业领域，但有些国家利用转基因技术已培育出了能在黑暗中发光的观赏鱼。或许，未来有一天，我们可以依靠发光百合的亮度在夜间开展园艺工作。

私家花园的色彩运用

　　无论是从零开始造园时决定整体配色，还是为现有花园增添配色，选择色彩都是至关重要的一环。色彩对花园的外观与风格会产生深远影响。它能使花园融入其所处的本土环境，又能使人感觉身处异国他乡。色彩能影响我们的情绪，展现我们的个性。对任何一位花园业主或建造者来说，选择正确的色彩或色彩组合都是十分重要的事。

从哪儿开始？

　　我们身处一个色彩缤纷的世界。一部分人崇尚朴素简单，喜欢简约住宅、家具稀疏的房间以及只有白色或寥寥几色的配色风格。而另一部分人则看重多样性，在家中摆满色彩鲜艳、富有故事性的收藏品。他们在建筑外观、家具、器物上选用丰富的配色，包括那些充满活力的艺术藏品亦是如此。

　　我们做出的各种决定都反映了我们的个性。规划我们的生活与

下图

　　在确定花园主题或风格时，可以从设计师和建筑师的大作中汲取灵感。例如这座花园，令人联想到墨西哥建筑师路易斯·巴拉甘的作品，他以其对景观、色彩与光线的理解闻名。色彩丰富、土坯质感的围墙与龙舌兰、莲花掌'黑法师'、黄秋英以及一株草莓树一起为我们营造出一片异域风情。

周边环境有时遵循自我意识，有时任由冲动或灵光一现来做出决定。某些选择可能是基于个人的艺术追求，而另一些选择则大概符合大众标准或期望。我们的生活处处充满着美，而美本身却存在于主观之眼中。

人们设计、建造、养护花园的行为是最伟大的生活方式之一。英国皇家园艺学会植物名录大全罗列了约 7.6 万个植物种类与种植品系，覆盖了几乎全部的颜色范围。为了让花园能呈现出我们所能想象到的全部颜色，人们还在其中使用建筑材料，添置艺术装置与家具。然而，仅仅把所有食材调料混合在一起是无法做出美味佳肴的，组合色彩也同样并非简单的收集行为。

好在无数前人——艺术家、科学家、设计师与心理学家——已经就此思考了数千年，因此我们已经知晓色彩组合在视觉上的效果。设计师，特别是室内和平面设计师，会利用色板与成功案例来选择颜色，并建立他们的空间或品牌特色。艺术家们有自己的规则，但又具备冒险精神，以崭新甚至惊人的方式尝试不同的色彩。心理学家也理解色彩对人类心灵，尤其是对情绪、心理健康和幸福感的重要作用。

但与室内装饰或平面设计表现不同，花园是有生命的，每个季节的每时每刻，花园都有机会变换色彩或改变我们感知色彩的方式。我们的花园可以在一年的不同时间段内呈现不同的色彩。当我们将其与气候、光照强度、植物生理变化和植物策略等诸多条件相结合时，我们就拥有比其他任何创新学科更多的可能性。

色彩运用规则

本节探讨了如何在花园中使用颜色。虽然我们不应该完全无视规则，但绝大多数规则其实也是可以被打破的，至少有时候是可以变通利用的，理解这一点尤为重要。在创作的过程中，尝试是重要的一环，我们不太可能第一次就成功。设计师必须为诠释客户品位做出努力，而后呈现出完美的作品。而业主则可以在更长的时间里自行打造花园。为将来的改动留下余地也同样重要，毕竟我们的需求与品位可能发生改变，现在喜欢的事物与年长后的喜好可能大相径庭。

那么，我们应该怎么开始呢？从哪里获取创意和灵感呢？我们该如何学习甚至模仿他人，同时又能让自己的个性脱颖而出？

创建一个色彩组合

为花园建立色彩基调时，花园所处的周边景观是最好的出发点。"景观"一词是一种文化现象，地理学家将其定义为人与环境的结合体。它是人类的栖息地，自人类开始掌控周边环境以来，就由人类塑造与管理。

造园是此过程的一部分，尽管花园通常位于相对较小且与居住场所相关的地块上，但常常通过"借景"的手法，让视线范围内更广阔的外部景观成为花园整体景观的重要部分。即使是城镇中的花园，景致也鲜有局限于藩篱之内，周边环境中的颜色、材质纹理、形状图案一同打造出花园整体的视觉效果。

任何景观都有其色彩组合。温带气候区往往是绿色的，而干旱气候地区则呈现出棕色与泥土色泽，极地的色彩是灰色的，热带气候地区也是绿色的，而地中海气候区则是蓝、白、绿与棕色的。这是创建色彩组合的基础，但同时也失于过度简化。

温带气候区可能会在夏末和秋季转变为棕色或红棕色，到了冬季则变为棕色与灰色。极地地区可能会在夏季变成绿色。城镇中的色彩来自建筑材料：石材、砖块和木料都自有其色彩。这些不同色彩、不同质地的材料和植物一样，能吸收并反射光线，并在不同的光照条件下产生变化。

现代建筑材料增加了一些全新的奇异色彩。玻璃能反射包括天空在内的周围环境。这些自然界和人工世界中的美，可以指导我们如何在花园中使用色彩。

不同的文化以不同的方式回应其环境。北方高纬度地区倾向于使用柔和的色彩，低饱和度的色彩能反射较低强度的太阳光。在阳光最强烈的地中海、南亚和赤道地区，则能看到鲜艳的色彩被广泛使用在衣物、节庆用品、陶瓷和涂料中。世界各地的文化都深刻理解光与色的关系并遵循其规则，而这种关系也同样在各地的花园中备受推崇。

我们选择色彩不光受到环境因素的影响。艺术、时尚、产品设计、企业品牌与广告、摄影、电影、文学、室内设计甚至包括音乐都会影响我们。它们影响着我们的情绪，使人欢乐或悲伤、平静或兴奋。色彩在我们理解自身存在和感受情绪方面起着至关重要的作用。

对页，上图

在这种温暖的海滨环境中，受到蓝色大海的影响，我们会为花卉和建筑材料选择和谐或互补的色彩。明亮的阳光使得强烈饱和的色彩在蓝色背景中更显突出，橘色木茼蒿和蓝色蓝花丹在阳光下熠熠生辉。

对页，下图

在一个小型都市花园中，墙壁漆成米色使空间看起来更大，同时利用连贯的色彩组合将风格统一。在这里，粉刷过的抬高苗床、红桦的粗糙树干、橘色的毛蕊花'蜂蜜第戎'与巨大的橘棕色岩石及铺路材料形成了互补。红色、紫色、丁香色同棕色协调组合，利用深紫红色的暗色老鹳草、紫与白色的欧耧斗菜以及绛红色的河岸蓟'紫花'打造出浓厚温暖的色调组合。

色彩理论的作用

　　建造花园是一个非常个人化的、跟着感觉走的过程，花园会随着时间的推移而逐步发展、渐趋成熟。花园往往不是刻意规划的产物，而是随着个人知识水平和品位的变化而渐渐成形的，因此，鲜少有人参考色彩理论。

　　艺术和设计课程把色彩理论看作创作过程的关键部分。从简单的设计原则到复杂的物理学，关于色彩理论的书籍数不胜数。

　　科学家已证实，人眼能够分辨的颜色数量为 37.5 万 ~ 1700 万种。色彩的数量如此庞大，深邃莫测。因此在过去的 400 年间，人们便略为武断地对色谱进行划分，通常将颜色分为 7 种：红、橙、黄、绿、蓝、靛、紫。

　　虽然人们不是以色彩理论为出发点来喜欢某种颜色组合，但色彩理论却非常有助于解释人们为什么会喜欢这样的颜色组合。

色环

　　色环是最为公众认可的用于阐释色谱的工具。色环通常将可见光谱分为 12 种颜色。色环由 3 种原色、3 种间色和 6 种复色组成，红、黄、蓝是 3 种原色，其中红色（波长最长）在色谱的一端，紫色（波长最短）在另一端。原色是相互独立的。间色是其相邻两种原色等比例混合而调配出来的颜色。复色

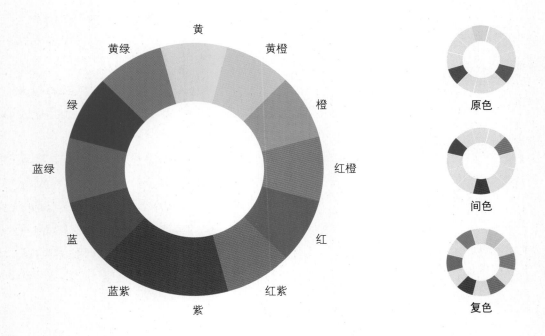

红色经常搭配黄色和橙色，用来打造色彩热烈的花境。而图中将红色、蓝色和红蓝混合的间色搭配在一起，这就营造出一种虽充满活力但更为清凉的视觉效果。同时，淡粉色和叶片的鲜绿又让画面的亮度得以提升。

是由 3 种原色混合而成的颜色。复色呈现出什么色彩取决于用哪一种原色作为主色。

互补色是色环上位置相对的两种颜色。红色和绿色、黄色和紫色、蓝色和橙色均是互补色。色环上任意位置的颜色，与其位置相对区域的颜色，能打造出对比最为强烈的色彩组合。

色环上一个直角扇形的区域通常由三种颜色组成，即为类似色。类似色是指色相相近、可以根据色温来归类的颜色。暖色调的范围从橙色到红色，冷色调从蓝色到绿色。

可以以这些原理为基础，设计色彩组合。花园中虽然不常用到互补色的原色组合，但孩子们的游戏设施却常常这么配色，因为强烈的色彩对比能引起重视、让人感到兴奋。花园中更常见的是类似色，但同时运用类似色和互补色，即分裂补色，也可以营造出色彩鲜明的视觉冲击效果。

涂料制造商经常在色谱中用到类似色组。用涂料的色板来进行配色试验，有助于人们理解哪些颜色在一起能搭配得当，这么做有时还会产生意想不到的效果。

对色彩的感知

人们对色彩的感知总是相对的。虽然色环有助于人们理解不同色调之间的关系，但它却不能解释当某一种颜色被其他色彩环绕时，人们对这种颜色的感知。艺术大师约瑟夫·艾伯斯于1963年首次在《色彩的相互作用》一书中阐述了诸多原理，包括色彩的相对性、色彩强度、色温、色彩振动和边界消失等。书中展示了如何通过改变相邻两种或多种颜色之间的关系，来完全改变人们对某一种颜色的感知。即便人们明白这个颜色本身并没有发生变化，但它看上去就是不一样了。

局部设计和背景设计

人们对色彩的感知受到视野范围内其他颜色的影响。这里说的其他颜色，很多都来自花园所处的背景环境。无论是远处的建筑物、大海和天空，还是近处的一棵棵树木、树篱、草坪、墙体、围栏、小径和台阶，这些背景都会影响人们对前景颜色的感知。

在温带气候区，尤其是远离城镇和市中心的地方，背景色几乎总是绿色。如果将绿色的物体置于绿色背景前，就会使新加的绿色融入环境中，尤其当新加的绿色与背景的绿色调相同时更是如此。而在绿色的背景上添加与之互补的红色，则会形成鲜明的对比。事实上，若将红色物体置于绿色背景前，红色看起来会尤为红艳，比放在棕色背景前要红得多。这就是为什么许多植物都会结出红色的浆果，这样觅食动物就很容易看到这些果实。

天空是蓝色的。至少，蓝色是人们想象中天空的颜色。蓝色的互补色是橙色。因此橙色的花，例如火炬花，在蓝天的映衬下它的橙色会显得尤为明艳，而在绿草坪的衬托下橙色就没那么耀眼了。这点也适用于类似色。红色与绿色形成对比，黄色与紫色形成对比，橙色与蓝色形成对比。

在炎热、干旱的气候环境中，背景色由棕色或泥土色调构成，与之互补的是绿色。一株绿色的植物在泥土色调的背景中会脱颖而出，成为主景植物。色彩效果取决于不同颜色之间的相互关系。

对比与简化

互补色的植物相互组合可以形成强烈的对比，使主景植物更为突出，但容易使眼睛疲劳，需小心应用。

花园应当是我们静心休憩的地方，虽说我们确实希望花园里能有吸睛点，但不应总被视觉刺激分散注意力。因此毫不意外地，在很多花园里，或是大型花园的某些区域，花园的配色总是以类似色为主。采用相近的颜色进行组合，应用实例举不胜举：在独立的花园"隔断"、草本花境和自然花境里有选择地采用一组比较接近的颜色营造出不错的效果。

类似色还能唤起某种情绪反应。蓝色和绿色让人平静放松，令眼睛感觉舒适。红色和橙色是充满活力的颜色，会让人血压升高，使人兴奋。颜色对我们的情绪有着重要的作用。

主色与辅色

颜色可以分为主色和辅色。主色是在任何环境下都能奠定基调的颜色，能够脱颖而出，保持醒目，能够在任何组合里都彰显影响力。原色最容易成为主色，因为它们不是由其他任何颜色混合调制出来的。间色和复色次之。

色彩的主导性取决于色相的属性、对比强度以及我们对色彩的感受。当大量采用某种颜色时，这种颜色就成了主色。

浓烈的、活泼的、高饱和度的颜色通常较醒目，尤其是在未被其他浓烈的色彩稀释效果时。而辅色，色如其名，退居为背景，主要起烘托作用。这些颜色往往饱和度较低，与周围环境的对比不太强烈。它们往往相互融合形成"洗色"效果。

大部分花园会用到主色和辅色，以便营造出某种氛围和突出重点。而对主色和辅色的作用进行深入了解，有助于将花园从图纸变为现实。

对页，上图

在这个地中海风格的花园里，整体搭配包含了绿色、灰色和白色。而红色是绿色的互补色，因而重点在于少许红色月季和大丽花的加入营造出了强烈的对比效果。相比而言，如果是跟其他亮色暖色搭配的话，这些花看起来就不会这么浓烈。

对页，左下图

棕色和灰色都是辅色。两种辅色的组合并不会突出其中任何一种颜色。水烛（俗称：狭叶香蒲）的穗状花序在单调的背景下显得颇有雕塑感。

对页，右下图

淡粉色通常被认为是一种辅色。然而在深绿色的欧洲红豆杉（俗称：欧紫杉）、白色的山桃草'翩翩蝶舞'和灰色背景墙的衬托下，这些粉色的松果菊（俗称：紫锥菊）在这个组合里变成了主角。

探索明度

设计种植方案经常让人联想到"用颜料画画",但其实并不相同。艺术家们用颜料混合调制出新的颜色。而在花园里,我们的眼睛只能接收植物表面反射来的光线。当植物反射所有波长的光时则呈白色。

艺术家们会给其他颜色添加白色或者黑色来调制淡色(添白色)或暗色(添黑色),他们还会用黑色和白色混合调制出灰色。但在花园里不能用植物来调色:我们只能选择不同颜色的植物进行组合搭配,从而感受到一种"新的颜色"。当你给绿色植物拍照,比如说一棵树,然后在电脑上把照片放大到最大,照片将显示为各种不同浓淡的绿色色块。缩小后我们看到的是一棵树的全貌,一种单一明度的绿色,但其实那是由许多不同明度的绿色组合而成的。

这便是自然赠予的不同明度的绿色,可以是在单一植物上,也可以是在一片叶子上。这不是我们创造出来的颜色,不是我们有目的地调制出来的。

左下图
色调柔和的颜色造就和谐的组合。丁香紫色的紫娇花和蓝色的牛舌草'伦敦保皇派'可以搭配白色的毛地黄以及欧亚香花芥。纯白色花的加入更是提亮了整个组合。

右下图
深柠檬黄色的莳萝在醉蝶花'白皇后'的衬托下变柔和了。把某种单色跟白色或者灰色搭配在一起就能产生柔和的效果。

右图

不同的种植组合能让浅淡柔和的颜色呈现出不同的面貌。柔和色在欧洲山梅花'金黄'那亮黄绿色叶片的衬托下黯然失色，但在森林鼠尾草深紫色的花和齿叶橐吾'苔丝狄蒙娜'那近乎黑色的叶子的衬托下却十分亮眼。

我们能做的，只是根据色彩选择植物进行组合，打造出彩的效果。我们就像先选好单个色块，然后再拉远镜头从组合的整体效果进行欣赏。当然，我们还能把镜头再拉近去欣赏某一株植物。对花园的视觉欣赏可以是多层次的。

白、黑、灰

白色、黑色、灰色虽然并不出现在色环上，但对于我们深入了解花园的色彩搭配非常重要。物体呈白色是因为所有色光都被反射了。而黑色是将所有的光线都吸收了。

黑色在花园设计中非常重要，因为它所映衬出的对比能让我们感知物体的立体性，能从结构上区分虚实。黑色是最为低调的颜色，要是我们想让某样东西（比如篱笆）从视觉上"消失"，把它刷成黑色即可。黑色植物非常稀少，但我们可以通过油漆和深色的材质让黑色在花园中出现。

白色正好相反，它是反光能力最强的颜色，在热带地区人们把建筑物刷成白色来反射太阳光。

借助于白黑两种颜色反射光线、吸收光线的特性，我们可以用它们来提亮或是调暗色调。林间的白色花朵能显著地提亮幽暗地带。在花境中加入白色可以提亮整个花境景观。

灰色是由黑色和白色混合而成的，也是辅色。灰色中包含的黑色越多，就越能融入背景里。灰色的花和叶非常稀罕。那些看似灰色的花和叶实际上是淡淡的绿色或者蓝色。它的饱和度实在太低了，所以在视觉上看起来是灰的。灰色本身并不醒目，多作为一种背景色使用。

植物的色彩饱和度

原色和间色作为主色调时生动鲜明，极为突出。它们在花园或花艺展示中凸显的视觉冲击力，很受人们的喜爱。但我们同样喜欢那些更为柔和的色彩，它们不那么起眼，却能够为我们尽情运用，这些色系品类繁多，几乎无穷无尽。

这些色彩的饱和度相对不那么高。淡紫色、粉色、浅绿色、浅橙色、淡黄色以及夏季观赏草呈现的金色都可以归入这一类。我们无法想象，缺少了它们，花园会变成怎样。

许多花园的色彩搭配完全由一系列不饱和色完成。在这些花园中，不存在任何强烈的色彩，因而整体给人静谧的感觉。我们也能联想到大自然中类似氛围的场景，譬如开满欧石南的荒原或是夏末的金色麦田。即便是林地里强烈明亮的各种绿色，如果把它们当作背景，在视觉上也会变得更为隐秘悠远。浅色看起来会比实际深些，而明亮的色彩会更吸引我们的视线。

我们对色彩的感知是相对的，所以明亮的色彩在暗沉色彩的衬托下，会显得更为明亮。反之，暗沉的色彩与另一个暗沉色彩搭配在一起时，会更为不起眼。

阳光和色彩饱和度的关系

日照强度、日照时长和气候条件都会对色彩表现有所影响。当云朵飘过遮住太阳时，在几秒钟之间同样一朵花看起来都完全不同。灰蒙蒙的阴天里，即便最鲜活的色彩也会变得柔和许多。而风雨过后，会出现最令人兴奋和意想不到的幻象——在阴沉天空的映衬下，突如其来的强烈阳光照亮了整个花园，就如同是剧场里出其不意地打开聚光灯的效果。

杂志和网站上的花园图片通常都摄于阳光明媚的日子。那么，在阳光不那么强烈的时候，这些花园看起来是怎么样的呢？它们必定是同样吸引人的。实际上，阴暗的光线反而能带来戏剧感。绿色变为灰色，红色变为粉色，所有的原有颜色变成完全不同的另一组颜色。这样的情形，一天之中，每到黎明和黄昏都在反复重演。

上述现象值得深思熟虑加以利用。如果你所处的环境不常有强烈的阳光，那么要相应地规划好花园中的用色，尽情地运用那些更适合你家花园的不饱和色系吧！

日照时长的影响也是同样的情形。以英国为例，夏天的日照时长可以达 18 小时，但到了严冬，就缩短为 8 小时。人们使用花园也许只限于春末到夏末，但花园应该全年都具有观赏性。只为夏天那几个月做打算有点亏。夏日的色彩规划也许与冬季完全不同，但花园可以有不止一种色彩搭配效果。仲夏的花朵可以以鲜艳色彩为主色调，而冬天的花朵、茎干和种穗，则可以转为柔和的色调。

对页
万里无云的天空，明媚的阳光照耀着大地，粉色的月季、蓝色的翠雀和白色的腹水草（俗称：斑鸠根）在绿色背景的衬托下，显得极为夺目。同样的场景，在阴沉的日子里看起来会完全不同，所有的色彩都会变得柔和，变成更深的灰调。

人工照明

对页，上图
人工照明可以在半明半暗的黄昏打造戏剧性效果。灯光补足了最后残存的阳光，凸显出新的细节，揭开了在白天被忽视的那部分花园的新面貌。这些晦暗微妙的照明让我们在天黑后依然能欣赏花园。

对页，下图
人工照明的另一个重要作用是照亮道路，让我们能在天黑后安全地穿梭于花园间。壁挂灯最为常用，但图中它被地灯取代，力求凸显出竹子的独特造型，并使光线巧妙地流动于道路之上。

每到夜晚，太阳就下山了，而冬日的白昼很短，所以一年中的许多时候，许多人很少能够在白天游览观赏花园。如果想要在夜晚尽情享受花园的种种乐趣，可以照亮花园，或者在部分区域，用灯光让它们焕然一新。可以打造戏剧性的效果，巧妙运用光影，将视线引导到特别的区域或物件上。用树木打造出令人惊叹的雕塑，光线照射在水中，水面闪闪发光。那将会是一个完全不同的花园。

温带气候区的花园设计主要是为了在白天能够欣赏花园。我们合理规划空间布局，根据外观和实用性选用各色植物和硬质景观，在花园各独立区域之间，尤其是花园和室内部分之间的过渡区域打造近景和远景。这样一来，我们不仅可以把花园当作放松的地方，还可以把它当作立体画卷来欣赏。

将风景作为一个视觉整体的想法，使天黑后的花园获得全新的样貌，通过引入人工照明，我们可以将花园由白天的起居空间转变为戏剧性的舞台。当然，从实用性或安全性考虑，我们可能已经在户外布置了一些照明设施，但它们散发的灯光通常明亮地充斥着整个空间，几乎毫无审美趣味可言。因此，要重新考虑照明的运用，认识到照明的目的在于打造戏剧感和制造某些氛围。

巧妙运用照明来突出硬质景观或软质景观中的元素。一些花园中的小景，也许在白天我们并不想让人们对它们多加注意，但在夜晚它们看起来分外动人。台阶、篱笆和围墙，原本在设计时要隐没在背景中，因为我们在白天会更在意植物的色彩，在夜晚被照亮时，它们可以展现出引人注目的构造和线条。树干和茎干在夜晚变得比花朵或叶子更重要。水面闪闪发光，将光反射到周边物体的表面上。我们开始注意到那些花园中不被关注的事物：投影、剪影和窗格花纹，以及新的色彩。

一般来说，应该减少使用人工照明。光照强度的单位称为"勒克斯"。太阳的最大光照强度超过 10 万勒克斯，而人造光的光照强度大概接近 700 勒克斯。反射光的强度显然也不一样，同样的，眼睛对颜色的感知也不同。试图用人造光代替阳光完全毫无意义。照明设计师了解这一点，依照色谱和亮度来选择灯具。根据效果的需要选择光源，设置好照射角度、对比度和焦点，同时任何时候都要避免眩光。不同的灯有不同的色谱，会让白天的色彩看起来完全不同，可以进一步利用这一点来打造夜间效果。一般来说，亮白光会让绿色植物看起来苍白，缺乏活力。添加暖白光或者有色光，可以达到某些戏剧性的效果。尝试运用各种照明，可以为花园额外增添许多乐趣。

色彩与心情

　　颜色会影响我们的心情。理解色彩或色彩组合对情绪的影响至关重要。我们需要问问自己希望得到何种感受，设计师也需要问客户同样的问题。

　　有些人选择住在线条干净的极简主义空间里，喜欢在花园中使用单一或极少数量的颜色。要实现这一点，最简单的方法是运用一系列不同形式和纹理的绿色。效果会很有规则感和极简感。

　　关于颜色对情绪的影响研究广泛，观点也不尽相同。色温似乎最能左右我们的心情。冷色——例如绿色，温带气候区的背景色——给人以安宁之感，研究还表明绿色与创造性思维有关。

　　饱和度和明度也对情绪有影响。无论什么色温，明亮的、高度饱和的颜色都是充满活力的。因此，会有蓝色、紫色的暖色调和黄色、橙色的冷色调。颜色饱和度低但明亮的植物，如亮灰绿色的银香菊，令人感觉放松。许多颜色饱和度高但明度低的植物，如紫蓝色的鸢尾，会让人精力充沛。

　　绿色和蓝色是比较温和的颜色，使人镇定平和，并已证明能降低血压、心率和呼吸频率。有时抬头仰望蓝色的天空，也是一种休息的方式。

　　红色和橙色是比较活跃的颜色。它们生机勃勃，令人兴奋，充满活力。这些颜色会使血压和心率升高。它们能提升我们思考和解决问题的能力。红色令人联想到危险，有毒的浆果通常是红色的，同时红色也是富有激情的颜色。

左一图

　　粉红色的东方虞美人中点缀着少许蓝色的花朵，构成活泼欢快的花境，在阳光充足时效果尤为突出。

左二图

　　摒弃鲜亮的颜色，让色彩集中在一系列绿色上，营造平静感。通过形状和质感等元素创造出丰富多样的视觉效果，座椅放置于树荫下，宁静构图尽收眼底。

人们也有强烈的色彩偏好。似乎许多人不喜欢黄色。太阳发出的光波主要集中在可见光谱的黄色区域。要看见黄色，我们的大脑需要在绿色和红色之间建立交集，计算两个颜色的通路，这就是为什么黄色是看起来仅次于白色之后最亮的颜色。因此，虽然黄色是明亮的，但要看到它，我们的大脑就得更努力地工作，这表明，如果想要放松，就应该谨慎使用黄色。

色彩搭配紧跟时尚和潮流。在视觉世界中，我们会寻找让自己感到舒适而不是紧张的画面，并且偏爱符合个人品位的图像。

颜色的使用方式也会影响我们的情绪以及对植物配置效果的体验。将颜色在花园中分散并重复使用，能提升花园整体质感。相近色可以成为整幅构图中用以引导视线的亮点或焦点。

视力与衰老

随着年龄的增长，我们的品位会发生变化，同时我们的视觉灵敏度也会改变。孩子们喜欢鲜艳的原色，成年人却觉得很俗气。当我们日渐衰老，眼睛里的晶状体会变黄。研究表明，大约 45% 的 70 岁以上老年人经历过颜色视觉异常。对于 90 多岁的老年人来说，这一比例上升到近 70%。对于受到影响的老年人而言，这就像透过一片黄色滤镜看东西。蓝色和紫色变得不那么明显，颜色整体变为偏绿色和黄绿色。而红色和橙色似乎基本没有变化。这与色盲不同，目前还无法矫正。因此，对于老年人来说，选择更多明亮温暖的颜色看起来也是不错的办法。

右图
随着年龄的增长，眼睛里的晶状体开始变黄。对蓝色和绿色的敏感度降低，但红色依然可见。这对于为老年人的花园选择颜色有指导作用。

季节变化

花园的最大乐趣之一就是一年四季都在变化。在温带气候区，我们在冬天的耐心守候会得到回报，也许是最早冒头的白色或黄色的春季球根，或是粉红色和白色的花朵，还有舒展开来的嫩绿新叶。从春天进入到以黄色、蓝色和紫色花朵为主的初夏，然后再到以红色、橙色或金色花朵为点缀的仲夏和夏末。随着乔木和灌木的秋日之美向我们渐渐展现，秋天呈现出更多的红色、橙色和棕色，直到冬天带着柔和的灰色与棕色前来报到。

景观把这一切奉献给我们，人类只需静静地观察和享受植物的生长变化以及它们与动物之间的互动，这一切或多或少地受到农业种植方式和景观政策的影响，而这些种植方式和政策同时影响着我们的环境。

我们通过前期的精心规划和优秀的造园技术来打造花园的四季景观。结合运用高度管理模式、精致修剪造型、种植常绿植物可以呈现出整体静态场景，只随不同的光线条件而改变。其他则设计成为季相分明的花园。这可能是一个复杂的过程，需要时间，有时甚至历经多年才能完成。如果设计水平够高，我们可以实现每年 3 ~ 5 种不同的配色方案。不必担心完美与否，因为所有的花园都在四季中变化，我们可以享受已有成果，也可以根据我们的选择添加新的元素。

有许多书籍可以在这个过程中指导我们。可以参考书上的植物配置计划，并根据实际的土壤状况和排水特点对计划进行微调。我们可以根据自身的技能与经验做出适当决定，以确保选择了合适的植物配置计划。

对页（所有图片）

随着花园的四季变化，它的主色调也在改变。春天是充满白色、蓝色和黄色的季节，这些颜色在较暗的光照条件下有着不错的效果。夏天有强烈的光线和明亮饱和的色彩，它们从夏季花境和草地中跳脱出来。秋天是充满红色、橙色、棕色的季节，这是因为植物逐渐失去叶绿素，准备休眠。冬季花园欣赏的主景是茎干、树枝的形态和造型。背景色一般是白色、灰色和棕色，点缀着明亮的冬季花朵，如金缕梅、雪滴花和铁筷子。

硬质景观的色彩

对页，上图

为硬质景观和植物选择同一种主色是个非常大胆的决定。通常来说，硬质景观是植物的背景板，但在这里，它们才是明星。半透明的绿色哑光粉末涂层圆管座椅和浅白色的天然石板路具有非常引人注目的线条与形状。

对页，左下图

在花园中放置彩色物体或人工制品，比如在绿色植物中间放置一张亮红色的座椅，制造一个振奋人心、充满活力的视觉焦点。这张椅子非常实用，无人倚坐时，它也是极好的花园装饰品。

对页，右下图

在这个漂亮简洁的水景中只使用了两种硬质景观颜色。光滑的白色混凝土水槽穿过由耐候钢制成的暖棕色平坦矮墙。这种简单而自信的色彩运用是整个构图中最重要的部分，而植物提供了对比鲜明的纹理质感。

在很多花园中，勾勒线条、划分布局的不是植物，而是各种建筑元素，比如围墙、台阶、挡土墙、屏风、水景和各种装饰物，所有建筑元素的共同作用使花园成为令人愉悦的空间。

有些花园里几乎没有建筑元素，而另一些花园里则几乎没有植物。硬质景观可以从水平方向以及垂直方向展示大面积色彩，也可以作为视觉焦点或视觉线引导我们观赏花园。建筑材料的色彩以及我们运用这些色彩的方式，其重要性与挑选植物相当。因为通过这种方式，我们将自己的家延伸到户外，打造出全新的户外空间。

地理位置

景观的颜色不仅仅来自植物。地质对于当地建筑风格的影响巨大。由以黏土为主要原料制成的砖块所建造的房屋和墙壁会呈现出不同的色彩，比如红色、橙色、黄色或深紫色。火山岩和沉积岩也可作为建筑材料，比如灰色或棕色的花岗岩，白色或金色的石灰岩，暖灰色、棕色、奶白色甚至是红色的砂岩。板岩通常呈灰色、绿色或者棕色。在其他地方，这些材料与沙子、骨料、水泥和水结合，制成混凝土或其他适用于建筑的混合物。混凝土一般呈现灰色。

在地质条件不适合取作原料的地方，建筑材料往往以木质材料为主。人们要么种植树木用作建材，要么用竹子和草的木质茎部分。

硬质景观材料有其固有的色彩。我们因外观以及结构特性挑选它们，而它们的颜色则影响花园的整体色调。在挑选植物时，它们是具有影响力的背景颜色。

地质材料的颜色通常不会随着时间的推移而改变。它们可能会变脏，但可以清理干净。而木质材料的颜色是会变化的。它们会氧化，从棕色和橙色慢慢变成银灰色，并且随着时间的推移，对花园整体的色彩产生持久的影响。

人工材料

现代社会，我们有各式各样的人工建筑材料。我们可以赋予金属、塑料、陶瓷和玻璃不同的颜色。金属，尤其是含铁金属，会氧化和生锈，这会使它们变色。为了避免这一情况，金属制品需要妥善保管。我们可以用锌覆盖金属表面，即镀锌，使金属保持浅灰色。我们也可以制作合金，直接氧化处理，比如耐候钢，呈现棕色。还可以在金属表面喷涂上一层极细腻的油漆、粉末涂层或其他保护层。

更便宜、更便捷的传统建筑材料，如混凝土砌块，并不美观。人们通常会粉刷一层涂料，在这一步我们可以赋予墙壁新的颜色。

瓷砖、嵌板和马赛克砖有各种各样的形状、大小、颜色、图案和纹理。它们颜色鲜亮，有的甚至会反光，可以让周围区域变得明亮。它们是令人愉悦的材料，几个世纪以来，被运用在无数建筑和艺术品中。

很少有没有任何建筑元素的花园。简单的花园可能至少会有一条小路和围墙，也可能会有一块可以坐的地方。复杂一些的花园，尤其是那些坐落在斜坡上的花园，会有许多建筑元素，比如围墙、挡土墙和台阶。增加花园的建筑元素，如屏风、藤架、拱门、艺术品、家具和纺织品，就有许多潜在的颜色可供选择。

这不仅影响了花园的色彩组成，也为植物创造了新的背景。我们可以尝试在蓝色的围墙下栽种红色的花，或者在灰色的围墙前栽种紫色的花。我们可以添加色彩鲜艳的图案和花纹，借鉴其他花园来建造自己的花园。

左下图

有棱角的弯折金属台阶，由耐候钢制成，用来打造有趣的几何图案。深棕色和浅棕色的犀利线条有一种朴素的质感，与溢出边缘的绿色枝叶带来的质感和纹理形成强烈对比。

右下图

铺面边缘的排水道通常不太美观。定制的格栅涂上了亮黄色的粉末涂料，勾勒出道路的边缘，并与修剪过的树篱颜色形成了鲜明对比。铺设的地砖与种植床选择灰色，在视觉上隐没在背景中。

对页

这面弯曲的围墙，其灵感来自高迪和茹若尔的合作设计建筑，它将我们直接带到了巴塞罗那。

主题或主线色彩

将植物与建筑元素相结合，就能够在花园空间中展开一段视觉叙事。室内设计师在为客户打造品牌形象时熟谙这一点。交通运输车辆基于公司的品牌颜色进行涂装。酒店、酒吧和商店的设计更注重风格和色彩。

当我们进入一栋宗教建筑时，思想和行为会发生改变。建筑的结构、空间、形制以及颜色都会影响我们的行为。空旷的空间不由让人静默与冥想。彩色玻璃花窗则成为视线焦点，并将故事娓娓道来。

进入一座全新又陌生的花园，也会让我们的行为发生变化。我们会关注之前没有见过的事物，尝试弄清楚哪里可以行走，哪里不可以。我们寻找视觉上的线索帮助确定自己所处的方位，弄清楚自己该做什么。

熟悉感很重要。我们也许会认为不同地区的花园会天差地别，但只有当我们去到那些文化认知完全不同的地区观赏花园时，才会发现所谓的差别只是相似主题的不同表达方式而已：花园中有着相似的植物，运用着相近的颜色和材料，它们或许会有各自的个性，但并不是全然迥异。

当然，这是高度简化的概括。也有许多特殊的花园与它们所处的地域或文化背景是脱节的，那么我们该如何识别它们呢？

一条直接的线索就是颜色。颜色是不同文化或气候的体现。蓝色的围墙在北纬地区寒冷灰暗的天空下效果不佳，但在炎热气候区强烈的阳光下，它们焕发光彩。褐色土墙在干燥地区看起来温暖而醇厚，但在低光照地区看起来则暗淡而浑浊。一株美丽的红色叶子花在地中海白色墙壁的映衬下令人惊叹，在红砖的映衬下却显得有些格格不入。明亮的蓝色瓷砖在希腊很精致，但在格拉斯哥却激不起波澜。金色则适合运用在炎热气候区。

因此，如果想打造一座忽略地质景观和文化背景的花园，那么我们必须竭尽全力去实现自己的设想，特别是在颜色的选择上。但我们也必须非常了解所处地区的气候，以及对色彩表现的影响。

营造整体效果

后续"色彩"部分将逐一介绍如何运用各种色彩。一旦你找到了中意的色彩组合，就能使用本节介绍的基本原则营造整体效果。不要忘了到花园里观察园中的硬质景观，还有周围的建筑和环境的色彩，审视整体布局，确认植物能否在你的花园里搭配协调。

单色调花园

左上图
相同色调的植物搭配在一起，可增强效果。图中，黄褐独尾草'埃及艳后'从暖调的蓍'赤土'上冒出来。柔软飘逸的尖拂子茅则用它那羽毛状的花序为整个画面增添了一分柔和。

右上图
修剪整齐的树篱和鹅耳枥成为花园的基础架构。整座花园里几乎只有绿色，除了一道由深紫色花序和明亮的金色草叶勾勒出的狭长线条，再不夹杂其他色彩。

对页，上图
春季花卉多为黄色，比如乌头、洋水仙、报春花，但紫色的运用更能营造出浓烈的华丽效果。图中，银扇草搭配热烈的深色郁金香，描绘了一幅精致却不张扬的景象。

对页，下图
这片花境洋溢着夏日的热烈。红色的花朵加上红棕色的叶片，提高了色温，这样的浓烈让人难以忽视。具有醒目叶片的蓖麻和富有异国风情的大丽花、美人蕉、百日草相映成趣。

上图

这是一座冷色调的花园。清爽的银色绵毛水苏'银毯'和柳叶梨'垂枝'，与沙砾等硬质景观相呼应。高耸的白色独尾草'乔安娜'则与黑色围墙对比鲜明。

左图

车桑子'紫叶'的紫色叶片衬托着绿色的矮生海桐和银色的灌木迷南香，这样的色彩差异让人感到宁静祥和，丝毫没有压迫感。黑韭的白色花序则带来构造上的变化。

对页

暖调的红棕色砖墙、光亮的绿色叶片，都将冷调的白色花朵映衬得欢快明亮、熠熠生辉。芍药'皱白'和花葱'珠穆朗玛'正是图中的主角。

随季节而变的种植搭配

对页，上图

春日里的英国，晴空和艳阳总是难得一见的，但黄花九轮草和野勿忘草将晴空艳阳的色调完美重现。两者都是英国原生的野花，基本上到夏天就凋谢了，为晚点开花的多年生花卉腾出空间。

对页，下图

春末夏初的球根花卉糠米百合'蓝天'，与早花的多年生植物相互交叠——紫色的有髯鸢尾、紫色的林荫鼠尾草'卡拉多纳'，以及粉色的毛蕊花。翠绿的黄杨树篱又把它们全都框在一起。

上图

盛夏时分，草本花境漂亮迷人。多年生植物是这场演出的明星，千屈菜和明黄的萱草形成一对耀眼的组合。大叶醉鱼草等灌木植物则增加了花境的高度，营造出结构层次感。

右图

在阴暗的冬日，纵使棕色的种子带来丝丝暖意，基础架构才是花园中的主角。图中，长药八宝形似花椰菜，顶着一层薄霜，闪闪发亮，不负其"冰花"之名。（译注：长药八宝，英文俗名为 ice plant）

栽种主景植物

左图

并非所有的主景植物都得色彩浓烈。这株优雅直立的桃粉色毛地黄在大老鹳草和费森杂种荆芥组成的紫色背景前，自然而然地成为焦点，无须张扬。

下图

在一组冷色调的植物丛中，深红色的雄黄兰‘魔鬼’格外醒目。栽种主景植物就是为了展示色彩和形态上的差异。它们作为花境中的焦点，不仅引人注目，更为原本乏味消沉的景象带来勃勃生机。

对页

蓝花鼠尾草和金叶的伞花蜡菊‘石灰光泽’织出一片冷色的毛毯，美人蕉‘金脉’的浓艳花朵赫然耸立其中。如此张扬的搭配不一定人人喜欢，好在它们都是花坛植物，可以在下一季度轻松更换。

上图

一眼看去，这片暖色调的花境里种满了红橙两色的路边青以及各色各样的冰岛虞美人。通常作为暖色调植物的黄色萱草则一反常态，在此呈现出冷色调。没有了绿色的叶片，紫色的鼠尾草也同样能让红艳艳的色调降下来。

左图

此处的色彩运用和上图有些颠倒。火红加明黄色的火把莲'极品'如同热烈的火焰，从淡紫色荆芥、粉色老鹳草和浅绿色叶片中冉冉升起。利用冷暖色调形成鲜明对比总会有些冒险，却能带来戏剧性的效果。

右图

花园不一定都是五颜六色的，去掉一些颜色，它们也同样能引人注目。没有了各种色彩的干扰，造型张扬的植物往往在简洁的搭配中呈现不错的效果。具有银蓝色叶片、造型醒目的鸟喙丝兰，与下方多刺的龙舌兰相呼应，搭配出一番轮廓鲜明的美洲西部景象。

下篇
色彩

红

没人可以忽视红色。红色是一种主导色，这种强烈的色彩吸引着人们的目光和注意力。红色代表激情，充满活力，给人强有力的感受。但红色也代表了恐惧与危险，要谨慎运用。这种炽热的色彩在明亮的阳光下璀璨夺目，与温暖的橙色、古铜色以及紫色极为相配。红色与绿色是形成对比的互补色，而与蓝色和黄色可以搭配出富有活力的组合。

对页
红叶的鸡爪槭（俗称日本枫）具有强烈的视觉爆发力。这种优雅的植物生长缓慢，在盆中也能很好地生长，因此，再小的花园也能摆上一盆，增添色彩。

红色系

红色是原色，加上相邻的间色——紫色和橙色，就有了大量明暗程度不同的红。鲜红色、绯红色和猩红色比较鲜艳，最接近原色。宝石红色属于暗红色，朱红色属于偏橙的红色。暗紫红与紫褐色偏蓝，呈现出紫色调。樱桃红顾名思义是樱桃色调的红色。珊瑚色是略带桃色的红色。淡红色为微红的土灰色。黄褐色与鲑鱼色偏黄。赤土色是一种棕橙色。红色加白色会变成粉色（见第 178 页）。

| 朱红色 | 栗色 | 宝石红色 | 桃红色 |

| 红色 | 猩红色 | 锈红色 | 勃艮第红色 |

花园中的红色

在花园中运用红色时要格外谨慎。研究表明，当人们观察到炽热的红色时心率会升高，因此最好将红色与其他色彩搭配一起运用于花园中。

许多植物都能产生红色素，花、果实、茎和叶都是红色的。秋季落叶植物叶片中的叶绿素流失，剩下了呈红色、橙色或黄色的类胡萝卜素，呈现出一派金秋盛景。

红色并不适合运用于硬质景观中，建造花园的天然材料里缺乏红色。可以通过涂料、纺织品和装饰物的形式将红色添加到硬质景观当中，最好用于打造焦点和重点部分。

鲜红色

最鲜亮的红需要强光来映衬，应该被安置在花园中阳光最充足的地方。白色或奶油色墙面上的红花攀缘植物是热带国家的一大特征，而绽放在深蓝色花盆中的浓郁红花则将我们带往地中海。花园中应当保留一些明亮的红色，作为点睛之笔。微小的鲜红斑点与白色搭配起来就如同钻石项链上点缀的红宝石。白桌布与夏日鲜果则是红白配色中的夏季限定款。

深红色

更深和更紫一点的红色适合光线不强的环境，应用在半阴处或者树冠稀疏的乔木和灌木下方效果很好。在色温图谱中，深红色是暖色系当中最浓烈的颜色，但不是最温暖的颜色。由红橙色、橙色和金黄色交织出的暖色调花境如同灼灼烈火，在夏末那强烈的光线下显得更加明艳有力，趣味横生。而单单一朵火把莲就配齐了这些颜色。

混合了暗紫的深红可以打造出浓郁奢华的色调，但颜色本身稍显沉郁，若是用明亮的白色、黄色或粉色点缀其中则会提升整体效果。这些色彩中较为明亮的色相能使人感到平静，更显舒缓。温暖的棕红色搭配天然木材更显质朴。

搭配其他色彩

红色的色调丰富，能与其他大部分颜色搭配，达到突显本色或者隐匿于背景中的目的。红色与深黄色搭配能吸引人们的注意，这种大胆的配色使两种色彩都脱颖而出。加入蓝色后这三种相辅相成的颜色就在彼此争奇斗艳之时成为花园的焦点，如同一块引人注目的华丽波斯地毯。红蓝组合让人联想到航海，明亮的深红色与海军蓝的配色代表了海洋、帆船和旗帜。深沉的勃艮第红色与灰蓝色给人以精致平静的感受。

自然界中最成功的配色可能要数红与绿这对互补色。花、叶、果实都自然地展现出这种对比，我们在种植时也可以借鉴这种搭配，比如将鲜红的六裂旱金莲穿插种植在深色的常绿树篱当中。

开红色花的植物

我们会根据花色来选育植物，热情的红色当然也包括其中。红色选育品种最多的当属蔷薇属植物，紧随其后的是郁金香。在下列各属植物当中有大量的多年生植物都有红花品种：大丽花、美国薄荷、鼠尾草、雄黄兰、红千层、芍药、路边青和半边莲。包括山茶、杜鹃、山月桂以及茵芋在内的灌木开花时都会以常绿树叶作为衬托。而木瓜海棠属植物的花则开在光裸的枝干上，直到花谢后叶片才会冒出来。（译注：列举的植物名都是个种或植物所在的属名，种及其园艺品种花色各异。下文同。）

红叶植物

一些诸如马醉木以及石楠之类的乔木或灌木，其叶片是红色的。另一些植物则因美丽的秋叶而备受青睐。观赏秋日美景是园艺中的一大乐趣，在秋叶飘落之前，阳光从鲜红、橙黄的叶片之中倾泻而下，眼观此景令人激动欣喜，鲜有能与之匹敌的园艺意趣。想要呈现落叶的秋日之美可以选择这些植物：槭、蓝果树、落羽杉、波斯铁木、枫香树、唐棣、盐麸木、金缕梅、吊钟花和欧洲山茱萸。

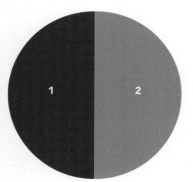

1　勃艮第红色
2　豆绿色

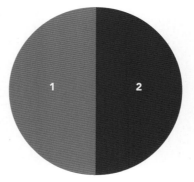

1　朱红色
2　深蓝色

组合 1

人们都说绝对不要红配绿，的确，这两个颜色在视觉上产生的对比非常强烈。然而图中拥有勃艮第红色叶片的鸡爪槭与豆绿色的玉簪'巨无霸'的搭配却非常和谐。这种平和的色彩组合在观感上很舒适，也打破了砖墙带来的沉闷氛围。

组合 2

红色暖，蓝色冷，相互结合中和了二者的强度，使其变成更加舒适的色调。并不是说这两种颜色的组合没有冲击性，毕竟红蓝加白后就成了许多国家国旗的颜色。在上图的组合中，百子莲'蓝小鬼'（与白色的夏风信子一起）冷却了火红的雄黄兰'火星'，三者共同组成了国旗色。

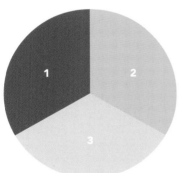

1　玫瑰红
2　灰粉色
3　嫩绿色

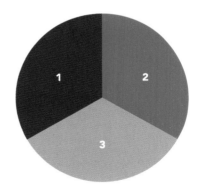

1　紫褐色
2　猩红色
3　紫罗兰色

组合 3

红与粉始终是成功的组合。在上图的花境中，玫瑰红的月季'多特蒙德'、灰粉色的月季'格特鲁德·杰基尔'和深粉色的毛剪秋罗搭配在一起，与羽衣草的嫩绿色花朵形成了对比。画面前方绵毛水苏的银灰色叶片起到令人放松的作用。

组合 4

蛇根泽兰'巧克力'的深色叶片与鲜艳猩红的雄黄兰'路西法'相得益彰。紫罗兰色的老鹳草'罗珊'给整体配色平添一丝冷色调，使之成为充满活力而又平衡的组合。

红色系一年生植物

左上图
秋英'鲁本扎'

一年生植物，易于种植，它的花是宝石红色的，炙热的色彩从花瓣边缘向中心延伸的同时逐渐加深，与对比鲜明的黄色花心相互衬托。这些花开放在大量的新生绿叶上。

高度：0.5～1米
冠幅：0.1～0.5米
光照：全日照
土壤：湿润但排水良好
花期：7—9月
耐寒性：H3（一年生植物）

右上图
天竺葵'阿尔丁'

不耐寒的植物，拥有银色的叶片，可衬托出精致的双色花朵。天竺葵依靠地下块茎生长，会在冬季落叶，必须搬到屋里过冬。

高度：0.1～0.5米
冠幅：0.1～0.5米
光照：全日照
土壤：排水良好
花期：7—9月
耐寒性：H1c（不耐寒植物）

对页
百日菊'沙利文红'

这是一种可爱的雏菊，与秋英相比更矮更壮，叶片也更结实。百日菊易于播种，有规律地摘除残花可以延长花期。同时它也是一种非常好的切花材料。

高度：0.5～0.7米
冠幅：0.3～0.5米
光照：全日照
土壤：湿润但排水良好
花期：7—9月
耐寒性：H3（半耐寒一年生植物）

更多植物

萼距花	一串红
大丽花'兰达夫主教'	旱金莲'印度女皇'
美女樱'阿兹特克红天鹅绒'	
虞美人'瓢虫'	

红色系多年生植物

对页
六裂旱金莲

六裂旱金莲是如金属丝般纤细的攀缘植物，依靠地下块茎生长，弯曲盘绕的茎干可以非常容易地攀附在灌木或树篱上，因此最好将它们搭配在一起种植。六裂旱金莲花后会结出明亮的蓝色果实。

高度：2.5 ~ 4 米
冠幅：0.5 ~ 1 米
光照：全日照至半阴
土壤：湿润但排水良好
花期：7—9 月
耐寒性：H5（多年生攀缘植物）

左上图
红花山梗菜

在夏季花境中，没有什么植物能与红花山梗菜的那抹猩红色争锋。红花山梗菜对潮湿的土壤具有良好的耐受性，可以种植于沼泽花园里。现在还可以买到紫红色叶片的品种。

高度：0.5 ~ 1 米
冠幅：0.1 ~ 0.5 米
光照：全日照至半阴
土壤：潮湿
花期：7—9 月
耐寒性：H3（耐寒多年生植物）

右上图
萱草 '澳新军团'

萱草可以称得上是个"硬汉"。它可以耐受低温、炎热和干旱，即便在严苛的环境下仍然可以维持超长的花期。每 4 ~ 5 年进行一次分株能够促进开花。

高度：0.6 ~ 1 米
冠幅：0.4 ~ 1 米
光照：全日照
土壤：湿润但排水良好，潮湿
花期：7—9 月
耐寒性：H6（耐寒多年生植物）

更多植物

路边青 '红色羽翼'　　　　　火红蝇子草
美国薄荷 '剑桥红'　　　　　马里兰翅子草

红色系灌木

左上图
杜鹃花'阿斯隆伯爵'

    这种杜鹃花的叶片常绿，适合作为背景，但当春天到来时，在醒目的猩红色花朵的加持下它又会成为花园之星。杜鹃花易于种植且耐寒。

高度：1.2～1.5 米
冠幅：1.2～1.5 米
光照：半阴
土壤：湿润但排水良好
花期：4—5 月
耐寒性：H6（常绿灌木）

右上图
月季'国民信托'

    春天时这种杂交茶香月季的叶片是古铜色的，之后会逐渐变深，成为花朵最好的衬托。超长的花期让其成为混合花境的不错之选。

高度：0.5～1 米
冠幅：0.5～1 米
光照：全日照
土壤：湿润但排水良好
花期：6—9 月
耐寒性：H6（落叶灌木）

对页
酸木

    夏季酸木的花量非常大，花朵与铃兰类似并带有香味。然而秋日才是它的主场，叶片会变成令人惊叹的红色。

    适合种植在酸性土壤中。

高度：8～12 米
冠幅：4～8 米
光照：全日照至全阴
土壤：湿润但排水良好
花期：6—7 月
耐寒性：H6（落叶乔木）

更多植物

阔叶红千层   华丽木瓜'山顶红'
酒红美国蜡梅   红茴香
茶梅'圣诞节'   芒刺杜鹃

红叶植物

对页
鸡爪槭 '优雅'

鸡爪槭 '优雅' 树形优美，生长缓慢，叶色随着季节的更迭而变化。春天时叶片为尖端带红的浅绿色，到了夏天便渐渐变黄，在秋天转为红色。

高度：1.5 ~ 2.5 米
冠幅：1.5 ~ 2.5 米
光照：全日照至半阴
土壤：湿润但排水良好
花期：4 月（红色秋叶）
耐寒性：H6（落叶灌木）

左上图
卫矛

卫矛那火红的秋叶为它争得了"燃烧的灌木"的称号，全日照的环境能让这种色彩更加浓烈。小小的黄花以及带刺的茎给植株增添了不少魅力。

高度：1.5 ~ 2.5 米
冠幅：1.5 ~ 2.5 米
光照：全日照至半阴
土壤：湿润但排水良好
花期：5 月（红色秋叶）
耐寒性：H6（落叶灌木）

右上图
南天竹

南天竹春天的新叶和秋天的老叶都是鲜红的，但这种灌木也会开出粉白的花，结出橙红色的浆果。南天竹易于种植且耐寒，但冬季过于寒冷会导致落叶。

高度：1 ~ 1.5 米
冠幅：1 ~ 1.5 米
光照：全日照至半阴
土壤：湿润但排水良好
花期：6 月（红色秋叶，秋季结红色浆果）
耐寒性：H5（常绿灌木）

更多植物

北美瓶刷树（秋叶）
栎叶绣球（秋叶）

马醉木（春季新芽）
红叶石楠 '红色甄选'（春季新芽）

香盐肤木（秋叶）
欧洲荚蒾（秋叶）

红色系浆果

上图
花楸 '恩布利'

饥肠辘辘的鸟儿们非常喜欢这种花楸具有光泽的浆果。它的秋叶是令人惊叹的红橙混合色,而春花却是白色的。

高度:8 ~ 12 米
冠幅:4 ~ 8 米
光照:全日照至半阴
土壤:湿润但排水良好
花期:5—6 月(红色浆果)
耐寒性:H6(落叶乔木)

对页
落叶冬青

与常见的常绿冬青不同,落叶冬青会在冬季落叶,让鲜红的浆果在裸露的枝干上招摇。

高度:1.5 ~ 2.5 米
冠幅:1 ~ 1.5 米
光照:全日照至半阴
土壤:湿润但排水良好
花期:6—7 月(冬季结红色浆果)
耐寒性:H6(落叶灌木)

更多植物

美国类叶升麻	八棱海棠 '红哨兵'
欧洲山茱萸	红果树
欧洲枸骨	日本茵芋

红色系枝干与树皮

对页
红瑞木'西伯利亚'

冬季光秃秃的红色枝干让这种红瑞木闻名于世,它的春花是奶油色的,秋果是蓝白色的,秋叶是夺目的红色。

高度:1.5 ~ 2.5 米
冠幅:1.5 ~ 2.5 米
光照:全日照至半阴
土壤:湿润但排水良好
花期:5—6 月(秋季红叶,枝干冬季红色)
耐寒性:H7(落叶灌木)

上图
细齿樱桃

与一些桦树类似, 细齿樱桃的铜色树皮会不断脱落, 露出色彩鲜艳的新生树皮。春天, 细长的叶片与小红果为植物增添了不少魅力。

高度:8 ~ 12 米
冠幅:8 ~ 12 米
光照:全日照
土壤:湿润但排水良好
花期:3—4 月(树皮全年红色)
耐寒性:H6(落叶灌木)

更多植物

鸡爪槭'珊瑚阁'	红桦'小熊猫'
美国草莓树	水杉
加州熊果	白柳'蛋黄'

橙

橙色因水果而得名。在西方文化中，它是一种充满乐趣和活力的颜色，代表着新的想法和创造力。橙色在色环中位于红色和黄色之间。它是一种热烈的颜色，能让人联想到夏天、骄阳和日落。它也是收获和秋天的颜色。与红色相比，橙色的侵略性较弱，与黄色相比，它更能使人平静。橙色可见度高，可以成为主导色。

橙色系

浅橙色调包括蜜桃色和更浅的、有时带粉的蜜瓜色。纯正的橙色则浓郁而明亮，是果实的颜色。加入黄色可以得到更多金色调的颜色，如杏色、芒果色、金盏花色和菠萝色，而加入红色和紫色则可以得到深锈色、琥珀色、赭石色、赤土色。

对页

红色，大胆而热烈，但用黄色稀释后就成了橙色，这是一种温暖而舒适的颜色。橙色的花朵，如这株火把莲'高贵'，温柔又热烈，让人联想起夏日的尽头。尘土飞扬的日子里，光线逐渐黯淡，落叶中透出那若隐若现的第一抹橙色。

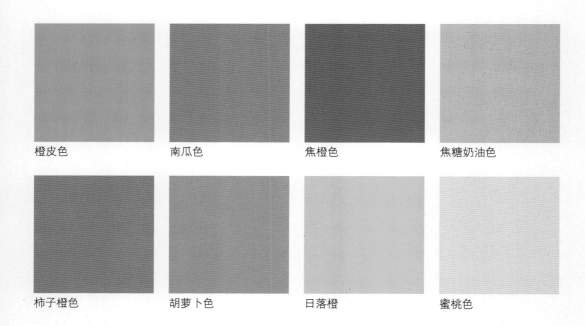

橙皮色　　南瓜色　　焦橙色　　焦糖奶油色

柿子橙色　　胡萝卜色　　日落橙　　蜜桃色

花园中的橙色

橙色在花园里不是主色调，最好与其他颜色结合使用，或作为点缀，或权作是吸引眼球的焦点。20 世纪 70 年代，橙色曾流行于家居和纺织品中，直到最近才逐渐淡出时尚的潮流。如今，它作为一种复古色彩重新出现，让人联想到有趣和俏皮的感觉。

作为一种间色，橙色介于红色和黄色间，橙色系的大多数颜色往往更接近原色而非纯粹的橘子的颜色。橙色和构成它的两个原色有许多共同的特点，需要强光照才能焕发光彩，因此它要用在阳光充足的地方。特别阴暗的地方不宜使用橙色，因为在那里其表现不免让人失望。花园中，往往要到年中之后才会出现它的踪迹。如果想早早地看到一抹橙色，抑或想一整年都能欣赏到，不妨考虑人为地添加一个橙色的物件，或许是颜色鲜艳的垫子，又或者是容器。

花园四周点缀着的一片片橙色，可以引导我们的注意力跳转流动。我们可以利用抢眼的橙色来标记关键区域，例如入口，或是提亮花园中相对较暗的角落。高挑茎干上鲜艳的橙色花朵吸引着我们的目光，它们就如同视觉上的跳板，将我们的视角与花园中更远的区域联系起来。低处的橙色花朵，或委身立于路隅，牵引着我们将视线投向地面。如果我们能在低矮处打造一个观赏点，也许是一面挡土墙之下，效果将极具冲击力。

下图

橙色和绿色在色轮上相距颇远，足以形成戏剧性的对比。郁金香'芭蕾舞女'和桂竹香'火皇'那热烈的橙色与乡村的青翠景象形成鲜明的对比。来自阿尔巴尼亚大戟的一抹青柠黄色则在背景中为之增添了视觉上的联系。

搭配其他色彩

橙色的双色调和多色调运用看起来热辣而有活力，将它与黄色和鲜红色等其他暖色结合时更是如此。大多数人也是这样运用橙色的。如果想达到更复古的效果，也可以将浅橙色和柠檬黄色甚至青柠绿色相结合，但这对品位绝对是一个考验。深橙色配以古铜色的花或叶，再混入一些浅色的草或是透明的种荚，能打造出丰富、暗调又不失浅色细节的大地色系调色盘，相较更为常见的紫色和褐色组合，这不失为一种令人愉悦的选择，一扫后者可能带来的压抑之感。

橙与白是一种简单、干净又欢快的组合。这两种颜色比例不同，效果也大不相同。以白色为主时，整体色彩会呈现出淡淡的杏色或奶油色；而当以橙色为主时，白色则充当了调色盘中的高光。黄色也可以取代该组合中的白色。粉色则能起到柔化橙色的作用。

如果想要更引人注目的色彩组合，可以考虑将其与明亮的蓝色放在一起。像所有互补色组合一样，两种颜色相互碰撞，引人注目，给花境或园中的整体色调带来活力。而较深的海军蓝则会带来更和谐、更平静的效果。

开橙色花或结橙色浆果的植物

金盏花属、萱草属、火把莲属、骨子菊属、委陵菜属、金光菊属、糖芥属以及许多别的植物都会开出各种橙色的花。花楸属、沙棘属、火棘属和荚蒾属植物则有鲜橙色的浆果。

秋冬季橙色系的植物

橙色与干旱荒凉景观的浓郁、温暖的大地色调相得益彰。在温带气候下，橙色在自然景观中比较少见。但当许多物种的叶色开始由绿变黄、转橙发红时，一年一享的橙色礼遇来了。槭属（如枫树）、卫矛属、唐棣属、枫香树属、李属（如李子和樱桃）、南青冈属（如南极假山毛榉）、珙桐属（如手帕树）、银杏属、落叶松属（如欧洲落叶松）和南天竹属等植物，都有梦幻般的秋色，诸如此类，不胜枚举。

有些山茱萸、椴树、柳树、红桦、斑叶稠李还有几种竹子的茎干是鲜艳的橙色，能为冬日的花园带来亮点和暖意。

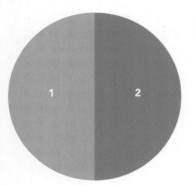

1 橙皮色
2 绿色

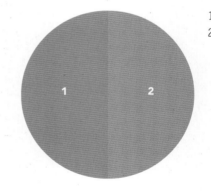

1 南瓜色
2 热情紫

组合 1

将橙色和绿色混合在一起会得到棕色，所以如果你想保持两者本身的活力和之间的反差，就要避免把它们用在较阴暗的地方。绿绒蒿属植物的橙皮色花朵与绿色的叶子交相辉映。

组合 2

橙色和紫色的组合给人以宁静之感。火把莲'橘子香草棒冰'的花序顶部那温暖的南瓜色，足以抵消背景中锦葵'玫瑰'所营造的凉爽感，把它种在花境前端时效果尤其突出。

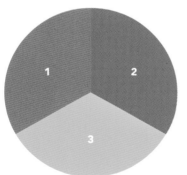

1　焦橙色
2　中绿色
3　焦糖奶油色

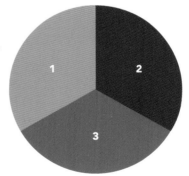

1　柿子橙色
2　接骨木色
3　锈红色

组合 3

　　著'新古典红'的花朵是焦橙色的,著'赤土'的花朵则是温暖的焦糖奶油色,两者形成了一种微妙的组合,温暖而不炎热,配合中绿色的叶子创造出了一种明亮的锈色调,与流动感十足的草丛完美地联系在一起。到了夏末时节,花朵凋谢后结出的荚会变成褐色,这种组合的效果能一直持续很长一段时间。

组合 4

　　橙色给炎热的花境带来了火热和活力,和鲜艳的红色花朵以及深色的叶子相结合时,效果尤为突出。大丽花'快乐的单身罗密欧'那极具感染力的红色花朵犹如深色的背景,把橙色的雄黄兰衬托得分外浓烈。

橙色系一年生植物

对页
郁金香'艾琳公主'

春季开花的鳞茎植物，橙色的花朵微微带紫或红，释放出一种甜美的芬芳。为了达到最佳效果，叶子凋零后应将鳞茎挖出来。

高度：0.1 ~ 0.5 米
冠幅：0.1 米
光照：全日照
土壤：排水良好
花期：4—5 月
耐寒性：H6（春季球根）

左上图
圆叶肿柄菊'火炬'

圆叶肿柄菊俗称墨西哥向日葵，花如其名字，它能在炎热、阳光充足的地方茁壮成长。在室内播种，然后移植到花园中。它是一种令人惊艳的花境植物，适合用作切花。

高度：1.5 ~ 2.5 米
冠幅：0.1 ~ 0.5 米
光照：全日照
土壤：排水良好
花期：6—7 月
耐寒性：H3（一年生植物）

右上图
花菱草·泰国丝绸系列

明亮的花瓣，边缘有橙色、红色和黄色的褶皱，所有花瓣如钢铁般竖立在叶片之上。这种一年生植物有很多优点。最好直接播种在定植地点。

高度：0.1 ~ 0.5 米
冠幅：0.1 ~ 0.5 米
光照：全日照
土壤：排水良好
花期：6—7 月
耐寒性：H3（一年生植物）

更多植物
玻利维亚秋海棠'火花飞溅'
金盏花
火红萼距花

勋章菊'亲亲橙色火焰'
冰岛虞美人
万寿菊

橙色系多年生球根植物

上图
王贝母‘花环之星’

王贝母是贝母属多年生植物。一簇浓橙色的铃铛挂在冠状的叶子之下。其叶子略有些气味，不太好闻。

高度：1.2 ~ 1.5 米
冠幅：1 ~ 1.2 米
光照：全日照
土壤：湿润但排水良好
花期：7—9 月
耐寒性：H3（不耐寒多年生植物）

对页
雄黄兰‘华丽胭红’

雄黄兰也就是大家熟知的火星花，长着貌似鳞茎的球茎，靠走茎伸展。它们的叶子长得像草一样，花期长，与其他多年生花境植物都很搭。

高度：0.5 ~ 1 米
冠幅：0.1 ~ 0.5 米
光照：全日照至半阴
土壤：湿润但排水良好
花期：7—9 月
耐寒性：H4（耐寒多年生植物）

更多植物

大丽花‘大卫·霍华德’
黄褐独尾草‘克利奥帕特拉’
唐菖蒲‘玛格丽特公主月季’

卷丹‘光亮’
水仙‘安铂吉特’
橙花虎眼万年青

橙色系多年生植物

对页
射干

橙色的花朵上布满斑点，这种鸢尾科植物因此得名"豹纹百合"，剑状的叶子把花朵衬托得极为突出。花谢之后结出的果实会裂开，露出黑色肉质的种子。

高度：0.5 ~ 1 米
冠幅：0.1 ~ 0.5 米
光照：全日照至半阴
土壤：湿润但排水良好
花期：7—8 月
耐寒性：H7（耐寒多年生植物）

左上图
松果菊'火热木瓜'

花中央呈圆锥形，锥心四周饰有微小的花瓣，每一朵花看上去都像狮子的鬃毛一般，模样非比寻常。植株的生命周期或许不长，特别是在寒冷或潮湿的条件下。

高度：0.7 ~ 1 米
冠幅：0.4 ~ 0.6 米
光照：全日照
土壤：排水良好
花期：6—8 月
耐寒性：H5（耐寒多年生植物）

右上图
密花姜花'阿萨姆橙'

充满热带风情的叶子郁郁葱葱，叶子上缀着蜡质的橘黄色花朵，散发着甜美的芬芳。在姜科植物中属于较耐寒的品种，冬季给它覆上护根土会大有裨益，也可将根茎挖出来，存放在室内过冬。

高度：0.8 ~ 1.2 米
冠幅：1.5 ~ 2.5 米
光照：全日照至半阴
土壤：湿润但排水良好
花期：8—9 月
耐寒性：H3（耐寒多年生植物）

更多植物

蓍'赤土'	路边青'纯粹柑橘'
藿香'火鸟'	堆心菊'萨欣早花'
柳叶马利筋	酸浆

橙色系攀缘植物

上图
山牵牛‘日落阴影’

这种攀缘植物生命力旺盛，花朵会随着时间的推移而改变颜色，呈现出红色、粉色和杏色，花中央则始终是深色的。茎攀附缠绕在灌木或电线上生长。

高度：1.5～2米
冠幅：1.2～1.5米
光照：全日照
土壤：湿润但排水良好
花期：7—10月
耐寒性：H1c（不耐寒多年生攀缘植物）

对页
旱金莲‘一级红’

这种攀缘植物很适合种在挂篮和花盆中，由橙色至红色的花朵绽放在形如遮阳伞般精致的斑叶上。花和叶均可食用。

高度：1.5～2.5米
冠幅：1.5～2.5米
光照：全日照
土壤：排水良好
花期：5—9月
耐寒性：H3（一年生攀缘植物）

更多植物

厚萼凌霄	北美橙色忍冬
刺角瓜	蔓黄金菊
金鱼花	翼叶山牵牛

橙色系开花灌木

对页
马缨丹'达拉斯红'

这种不耐寒灌木是大型容器盆栽的理想之选，也可用来填充夏季花境。花朵初开时呈橙黄色，逐渐变深至红色，因此每一簇花都如同万花筒般色彩斑斓。

高度：1～1.5米
冠幅：1～1.5米
光照：全日照
土壤：湿润但排水良好
花期：7—9月
耐寒性：H1c（不耐寒灌木）

左上图
月季'甜蜜魔法'

这种娇小的露台月季，植株紧凑而迷人，是庭院种植的完美之选。花期长，花色随着时间推移而呈现出粉红色调，绽放在光亮的深绿色叶子之上。

高度：0.1～0.5米
冠幅：0.1～0.5米
光照：全日照
土壤：湿润但排水良好
花期：7—11月
耐寒性：H6（落叶灌木）

右上图
火焰映山红

火焰映山红是一种落叶的杜鹃花，在秋天的时候会呈现出迷人的叶色。星形的花朵在春天开放，雄蕊突出而精巧。它喜欢酸性土壤。

高度：1.2～2.5米
冠幅：2.5～3米
光照：半阴
土壤：湿润但排水良好
花期：5—6月
耐寒性：H6（落叶灌木）

更多植物

达尔文小檗（花）
枸骨黄（花）

沙棘（果实）
金露梅'红色王牌'（花）

火棘'赛法橙'（果实）
月季'红辣椒'（花）

橙色系叶片与枝干

左上图
金缕梅 '吉拉德橙'

金缕梅秋叶那绚丽的色彩与其春花一样弥足珍贵。一开始是绿色的，逐渐褪去绿色，变成橙色和红色。花朵则是黄色的，底色调透着橙色。

高度：3.5 ~ 4.5 米
冠幅：3.5 ~ 4.5 米
光照：全日照至半阴
土壤：湿润但排水良好
花期：2—3 月（橙色秋叶）
耐寒性：H5（落叶灌木）

右上图
斑叶稠李 '琥珀美人'

光亮的橙色树皮是这种树的标志性特征，这一点到了冬日就显露无遗了。春天里，花朵一簇簇地悬垂在枝头，花色洁白，芳香四溢，花谢之后则结出一串串黑色的浆果。

高度：8 ~ 12 米
冠幅：4 ~ 8 米
光照：全日照
土壤：湿润但排水良好
花期：4—5 月（树皮全年橙色）
耐寒性：H7（落叶乔木）

对页
欧洲红瑞木 '隆冬之火'

这种山茱萸的叶子在秋季时呈黄油色，这一点无疑很吸引人，然而一旦叶子落尽，它那耀眼的茎干就会大放异彩。想要获得好看的颜色，每年春天应去除四分之一的茎。

高度：1.5 ~ 2.5 米
冠幅：1.5 ~ 2.5 米
光照：全日照至半阴
土壤：湿润但排水良好
花期：5—6 月（树皮冬季橙色）
耐寒性：H6（落叶灌木）

更多植物

鸡爪槭 '橙之梦'（叶片）
矾根 '焦糖'（叶片）

矾根 '南方安逸'
尖叶龙袍木（树皮）
无毛风箱果 '琥珀禧年'

绣线菊 '特蕾西'（叶片）
日本紫茎（树皮）

黄

黄色是原色，即无法通过别的颜色调配出来。得益于其明度，黄色是最容易被看见的色彩，无论是在阳光充沛还是在荫蔽的场合。花园里的黄色是一种振奋精神的色彩，但在所有色彩中，观看黄色其实需要最大的脑部活动量，注视久了还可能会引起视觉疲劳。在过强的阳光下，黄色会显得黯淡。黄色还有注意、警告的意思，高可视性警示服、交通标志牌、拖车等需要我们隔着远距离也看得见的物体，都是黄色的。

黄色系

与紫色一样，黄色可以是暖色也可以是冷色。含有大量白色和少量绿色的淡黄色，是一种带有柠檬感的冷色。而用少量红色或橙色替代绿色，则能制造出更富暖感的米色和象牙色。相比大部分其他颜色，黄色的色调范围很小，因为含有太多红色的话黄色就成了橙色，而含有太多蓝色则变成绿色。

对页

黄与绿是个极佳的组合，前者让人联想到阳光、黄油司康、柔软沙滩，而绿色则让人想起刚修剪的草坪、黄瓜三明治，还有莫吉托鸡尾酒中的那片薄荷叶。在这里，优雅的火把莲和金鸡菊一起，在绿叶上熠熠生辉。

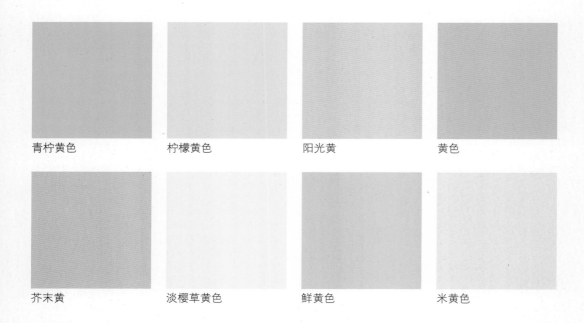

青柠黄色　　柠檬黄色　　阳光黄　　黄色

芥末黄　　淡樱草黄色　　鲜黄色　　米黄色

花园中的黄色

黄色非常两极化，喜欢它的人很喜欢，讨厌的则很讨厌。这是一个让人感到愉悦和充满活力的色彩，可以调节我们的情绪，甚至能加速我们的新陈代谢。因为黄色是可视度最高的色彩，哪怕只有少量都能引起我们的注意力。然而，大范围的黄色会让人难以直视，其高明度、高反射率的特性还可能引起眼部疲劳。

黄色是组成绿色的色彩，而绿色以叶绿素的形式存在于植物叶片中，自然而然，黄色存在于花园中。黄色在清晨便出现于我们的花园中，而到了傍晚，当夕阳洒在浅色物体的表面时，黄色再次出现。这时的花园沐浴在柔和的黄色光线中，但只有短短的一段时间，接下来的光线开始发白。

植物叶片上的花斑颜色通常由绿色与黄色组成，育种人员利用花斑来打造新的园艺品种，花斑以马赛克、泼溅斑点、镶边、条纹、叶脉纹等形式呈现，为植物的色彩搭配增添了不少变化。但有时候叶片发黄是因为植物的生长受限，叶绿素分解或流失。

黄色用在哪

与其他暖色一样，黄色在明亮光线下最能大放异彩。然而，黄色和橙色、红色不一样，用在荫蔽处也能产生不错的效果。它既是林地色彩，也是草地色彩，颇具多样性。它是春天的颜色，新生命的颜色。林地花境中黄色经常打头阵，然后才有其他颜色慢慢出现。在深色土壤的对比之下，黄色生动而充满力量。

黄色如此明亮，有时甚至明亮得过了头，它适合用在晨间和傍晚都有阳光照射的区域。早上醒来看到一抹黄色，会让人以愉悦的心情开始新的一天。而正午猛烈的阳光会让黄色产生眩光，让色彩发淡，这样的情况下，需谨慎使用黄色，并避免把黄色与白色放到一起。这个组合更适合用在荫蔽区域。

搭配其他色彩

黄色几乎能和每一种颜色搭配使用。添加或深或浅的色调，与黄色混合，可以打造出更协调的色彩搭配，让视觉较为舒适。把黄色与橙色、橙红色用在一起，适合呈现暖调但不过于热烈的花境。大多数情况下，我们把黄色加进各式红色、橙色中间，而不是把黄色作为主色调使用。

但让黄色最亮眼的搭配是把黄色与蓝色、紫色做组合。高明度的黄色与其互补色用在一起，比如深紫色叶片，可以形成鲜明对比，在深色背景的映衬下，色彩会跃至视线前端，但不过于咄咄逼人。亮蓝色和黄色能打造出富有冲击力的混搭风格，但需要阳光充沛的环境。深蓝和暖调黄的搭配丰沛华美，值得在小片区域尝试使用，比如说突兀的角落，用明快的色调组合点亮这个阴暗的位置。在光照较少的区域，暗蓝色和黄色是个不错的搭配，

上图

有些人就是如此钟爱黄色。这个密集种植的区域，几乎完全由黄色与绿色组成，为花园打造出一个令人愉悦的角落。最明亮的黄色来自羽扇豆和常春菊'日耀'，而米黄色来自高耸的紫花泽兰和华美的牡丹。

让人想起悬崖顶或鹅卵石海岸上的植物，因此可以把该配色用到海岸区域。

冷调黄和灰这个配色富有现代感，深受室内设计师与平面设计师的喜爱，但当用在室外时会显得相互抵消，效果欠佳。

开黄色花或具有黄色枝干的植物

能展现出黄色的优秀植物包括拥有明亮春花的乌头和水仙花，其次是金光菊、大丽花、萱草、蓍、橐吾，能绽放浓郁的金色夏花。开黄花的灌木数量不少，包括十大功劳、棣棠花、金露梅、黄牡丹。地中海灌木通常开黄花，比如染料木、金雀儿、荆豆、常春菊。即便时值冬季，金缕梅都能绽放出气味香甜的花朵，到早春时则有连翘，它们都把黄色展现于花园的上层视线里。

柔枝红瑞木'黄枝'、各种米黄色的竹子，为花园的栽种构图增添了垂直方向的线条，如同花饰窗格般展示了黄色。

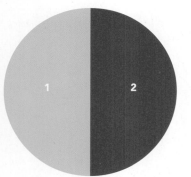

1　青柠黄色
2　猩红色

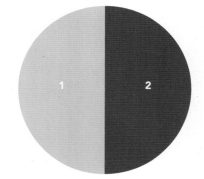

1　芥末黄
2　灰蓝色

组合 1

　　青柠黄色和猩红色的组合唤起了复古氛围，让人想起 20 世纪 50 年代的迈阿密，这配色可不是为弱小的人而设计的。这里，常绿大戟、猩红色的郁金香'红色印象'以及紫色的郁金香'热情'，共同营造震撼而充满力量的色彩冲击感。

组合 2

　　黄与蓝，是属于温暖气候、属于沙丘与悬崖顶的色彩，它需要猛烈的阳光来凸显二者间的对比，并突出黄色的热烈感。阳光照射在黄色的著'月光'和色调更深一点的大花金光菊之上，与之形成鲜明对比的是浅绿色的叶片，以及那一片灰蓝色的蓝刺头。

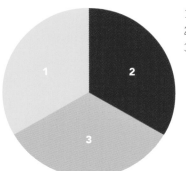

1 柠檬黄色
2 勃艮第红色
3 橙皮色

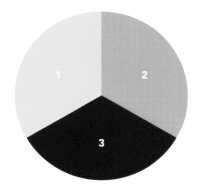

1 柠檬黄色
2 橙皮色
3 皇家紫

组合 3

　　赶在夏花来临之前，晚春和初夏的球根植物给了我们尝试新颜色组合的机会。在这里，柠檬黄色的郁金香'酒吧爵士'带有一抹橙色调，能与带斑纹的阿尔泰贝母呼应。

组合 4

　　黄色通常不是主色调，但这些柠檬黄色的花朵吸引着人的视线，提亮了橙皮色堆心菊和皇家紫色翠雀较暗的色调。这是个浓郁华美且丰富缤纷的色彩组合。

上图
短柄狗面花

　　容易种植，一旦适应生长后会在花园中自播繁殖，花色从毛茛般的黄色到几近橙色之间变化。

高度：0.1 ~ 0.8 米
冠幅：0.1 ~ 0.4 米
光照：全日照
土壤：排水良好
花期：5—7 月
耐寒性：H3（一年生植物）

对页
糖芥‘里斯金’

　　糖芥‘里斯金’开的是带有独特橙色脉纹的黄花。生长后期形态变得散乱，最好当成一年生植物处理，每年替换上新植株。

高度：0.1 ~ 0.5 米
冠幅：0.1 ~ 0.5 米
光照：全日照
土壤：排水良好
花期：3—7 月
耐寒性：H7（短命植物）

更多植物

阿魏叶鬼针草	沼沫花
大丽花‘格里森的黄蜘蛛’	异域旱金莲
向日葵	董菜‘虎眼’

黄色系多年生植物

对页
黄山梅

　　这个美丽的林地植物适宜生长在荫蔽环境中，蜡质的黄色花朵在深色背景的映衬之下更显出众。带精致浅裂纹的叶片，为整株植物增添了额外看点。

高度：0.5 ~ 1 米
冠幅：0.5 ~ 1.2 米
光照：全日照至半阴
土壤：湿润但排水良好
花期：6—9 月
耐寒性：H7（耐寒多年生植物）

上图
繁茂旋覆花 ' 阳光 '

　　美丽的黄色菊形花朵绽放于修长的花茎上端，使植株形态挺拔，存在感十足。它一般用于花境后方，种在后面能遮挡住它稍显凌乱的叶片。

高度：1.5 ~ 2.5 米
冠幅：0.5 ~ 1 米
光照：半阴
土壤：湿润但排水良好
花期：8—9 月
耐寒性：H6（耐寒多年生植物）

更多植物
蓍 ' 月光 '
黄金大戟
向日葵 ' 柠檬女王 '

掌叶橐吾
黑心菊
菱叶野决明

黄色系春花

左上图
德国报春花

精致的报春花是春天的信使，宣告春天的到来。这种耐寒强健的植物可以在草地上自然繁殖扩散，也能把它种在树篱之下，或者作为偏正式感的草本花境的镶边材料。

高度：0.1 ～ 0.2 米
冠幅：0.1 ～ 0.2 米
光照：全日照至半阴
土壤：湿润但排水良好
花期：3—5 月
耐寒性：H7（多年生植物）

右上图
围裙水仙

小小的水仙花形似维多利亚时代的裙撑。矮化形态让其更坚韧，与更为高大华丽的水仙花品种相比，它较少被风雨伤害。

高度：0.1 ～ 0.2 米
冠幅：0.1 ～ 0.2 米
光照：全日照至半阴
土壤：湿润但排水良好
花期：3—4 月
耐寒性：H4（春季球茎植物）

对页
黄花九轮草

与报春花同科同属的草本植物，黄花九轮草从草地上探出头来，在叶片上方绽放花朵。和报春花一样，它们也耐寒、容易种植，在花园中用途多样。

高度：0.1 ～ 0.3 米
冠幅：0.1 ～ 0.3 米
光照：全日照至半阴
土壤：湿润但排水良好
花期：4—5 月
耐寒性：H5（耐寒多年生植物）

更多植物

驴蹄草	大果蓝壶花
冬菟葵	黄花延龄草
皇冠贝母‘金花巨人’	大花宝铎花

黄色系灌木

对页
黄牡丹

牡丹姿态挺拔，这点是它的草本"亲戚"——芍药所欠缺的。容易种植，开花稳定持续，最好是种在花境中，当它呈现嶙峋瘦高的落叶状态时能有其他植物遮挡住。

高度：1.5 ～ 2.5 米
冠幅：1.5 ～ 2.5 米
光照：全日照至半阴
土壤：湿润但排水良好
花期：5—6 月
耐寒性：H6（落叶灌木）

上图
间型金缕梅'熟玉米'

花形犹如一缕缕的柠檬皮，在冬日花园中开在光秃秃的枝条上分外显眼。除了香味浓郁，这一不可多得的灌木还有美丽的秋叶。

高度：1 ～ 1.5 米
冠幅：1 ～ 1.5 米
光照：全日照至半阴
土壤：湿润但排水良好
花期：7—9 月
耐寒性：H5（半常绿或落叶灌木）

更多植物

欧洲山茱萸
棣棠
十大功劳'宽大'

金茶藨子
苦参'金日之王'
早春旌节花

黄色系芳香植物

上图
月季 ' 托马斯 '

灌木月季，花形为杯状，花量大并散发茶
香。这款英式杂交麝香月季花期颇长，可以当
作攀缘品种培养。

高度：1~1.5米
冠幅：1~1.5米
光照：全日照
土壤：湿润但排水良好
花期：5—9月
耐寒性：H6（落叶灌木/攀缘植物）

对页
羊叶忍冬 ' 春季花束 '

这种攀缘植物以盘绕的方式生长，花朵香
味浓郁，秋冬季会落叶。有人说它的香味在入
夜后更为浓郁，在花园座位区域旁种上一棵，
便能尽享其香气。

高度：4~8米
冠幅：1.5~2.5米
光照：全日照至半阴
土壤：湿润但排水良好
花期：5—6月
耐寒性：H6（落叶攀缘植物）

更多植物

绒雀豆	结香
小叶金柞	台湾十大功劳
蜡梅	

黄色系叶片与枝干

对页
欧洲水青冈 '蕨叶'

这种欧洲水青冈的叶片裂刻明显，精致的外观让人想起蕾丝。春夏季叶色为绿色，在秋季先转为黄色然后是褐色，树皮则一直为灰色。

高度：9 ~ 15 米
冠幅：9 ~ 12 米
光照：全日照
土壤：湿润但排水良好
花期：4—5 月（黄色秋叶）
耐寒性：H6（落叶乔木）

左上图
柔枝红瑞木 '黄枝'

冬天落叶之后，金黄色的枝干最具观赏价值。柔枝红瑞木 '黄枝' 会开成簇的白花，然后结出泛蓝色的白色浆果。

高度：1.5 ~ 2.5 米
冠幅：2.5 ~ 4 米
光照：全日照至半阴
土壤：湿润但排水良好
花期：5—6 月（枝干冬季黄色）
耐寒性：H7（落叶灌木）

右上图
扶芳藤 '金翡翠'

蔓生性常绿灌木，可作为地被植物种植在荫蔽处，用金色的叶片点亮空间。该植物鲜少开花结果，也可以作为攀缘植物培养。

高度：0.5 ~ 1 米
冠幅：1 ~ 1.5 米
光照：全日照至半阴
土壤：湿润但排水良好
花期：6—7 月（叶片全年黄色）
耐寒性：H5（常绿灌木）

更多植物

鸡爪槭 '美峰'（树皮）
墨西哥橘 '太阳舞'（叶片常绿）
银杏（秋叶）

三桠乌药（秋叶）
金镶玉竹（竹竿）
欧洲红豆杉 '伸展'（叶片常绿）

绿

绿色不是原色。绿色是自然界的象征，是大多数花园的主色。植物的颜色随季节而变，每年春天，鲜绿叶子的萌发代表了新的开始、生命力和乐观主义。绿色是一种充满希望、富有同情心、令人镇定的颜色，而且可以减压。绿色也是最容易看到并且让眼睛放松的颜色。

绿色系

在花园里，绿色的种类比其他任何一种颜色都多。最浅的绿色几乎呈白色，而最深的则接近黑色。蓝绿色的植物，如鼠尾草和薄荷，让人联想到海洋性气候。明亮的翠绿色和苹果绿鲜明又纯粹，而深绿色，即松针和带光泽的常绿灌木的颜色，神秘而又隐蔽。黄绿色，即落叶松在春天长出的嫩叶的颜色，随着叶龄增长，叶片颜色会变深,也可能一直光亮如初。棕绿色就是橄榄树和海草的颜色。

对页

绿色植物不一定只能作为背景，设计植物组合时它可以起到重要作用。如此图中，锦熟黄杨被修剪成球形，成为花境的焦点。耐寒的蕨类植物和玉簪形成反差，避免了单调，而优雅的大星芹既增添了风采又不太过抢眼。

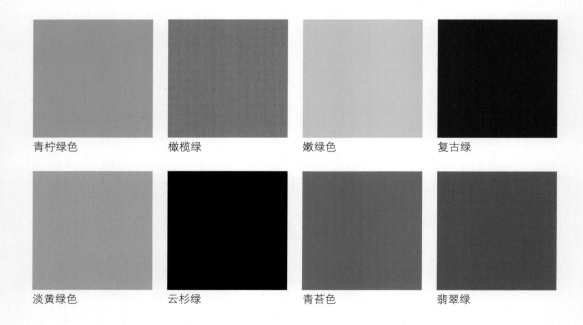

青柠绿色　　橄榄绿　　嫩绿色　　复古绿

淡黄绿色　　云杉绿　　青苔色　　翡翠绿

花园中的绿色

大部分的花园背景色都是绿色。植物呈绿色是光合作用的结果。叶绿素吸收蓝光和红光，反射出绿光，使绿色成为植物王国的主打色。绿色是花园里最令人放松的颜色，能使人平静。

主打绿色的花园，尤其是其他颜色很少或几乎没有的花园，可以作为放松和沉思的场所。因为让人分心的东西很少，所以花园就变成了由各种绿色调和质地的植物集合而成的宁静之地。为了维持绿色的一致性，这些花园会弃用其他颜色。户外种植的骨架植物，就能组合成为一个主色景观。这样的花园也正好有机会运用质地和色调都不同的绿色植物，以及自然长成的树和修剪过的造型树等。这些花园通常宁静平和，历来备受中式和日式花园的青睐。这些花园里，精挑细选的绿色植物，布置于石块和水景间，形成精美的景观。我们也可以在自家花园加以运用，即使空间非常小也无妨，同样可以打造一个在家中就能望得见的生动画面。这样的造园手法还有另外一个很大的好处：用已修剪成形的骨架植物可以打造漂亮的花园，还能组合成植物雕塑，而且基本无须养护。若自信满满，我们还可以在花园里加种其他颜色的植物，或种一些球茎植物，或种几株颜色不突出的观叶植物。

以绿色为背景色

说到绿色，我们并非缺乏选择——实际上绿色可能是世界上最常见的植物颜色。绿色在各种强度的光线下都表现出色。但绿色植物就像绿色这种颜色一样，也会隐身。尤其在叶子不反光的情况下，大面积相似绿色调和质地的植物不会引人注目。绿色的花通常不明显，如果想用来给花园增添色彩，效果甚微。所以，在色彩斑斓的花园里，我们倾向于把绿色作为背景色：把绿色作为色彩组合中的固定部分，用来突出其他日常和季节性颜色。

常绿还是落叶植物

首先，我们要考虑是该用常绿植物来保持季节的连续性，还是采用落叶植物让颜色随季节而变。常绿植物可以挡住不美观的景色，还能常年挡风。常绿植物能够填充空间，把较大的花园分隔成几部分，或者给花园打造层次感，提供焦点元素，提升冬季花园的观赏性。常绿植物的缺点就是看起来几乎总是一成不变。

非常绿多年生或一年生植物的颜色会随着季节的变化而发生改变。植物萌发又凋敝，授粉动物来来往往，使我们得以观察到最佳状态下的大自然。

上图

从爬满常春藤的墙壁到郁郁葱葱的蕨叶，这片翠绿的景致平和且宁静，不会让人发困。花园大门外的植物雕塑令人啧啧称奇；规则的树篱和修剪过的黄杨则显示出绿色植物既可以柔和又能有架构感。

植物雕塑和有质感的植物

很多绿色植物，即使不开花或者花色不亮，也很吸睛，种一株色调突出而且有质感的绿色植物，就会成为花园的特色或焦点。大棵的麻兰或者丝兰看上去如同喷泉一般。高大的棕榈会吸引人们的眼睛往上看。柱状的针叶植物可以作为骨架植物，适合重复栽种，使布局井然有序。

春天里，蕨叶舒展起身姿就像绽放的烟花一样。绵毛水苏或者木糙苏毛茸茸的银灰色叶片会反射太阳光，提亮花境。大片的观赏草在风中摇曳。有些植物轮廓清晰，有的则纠缠交错。刺芹或蓝刺头多刺的质地非常出众，有如临滨海的感觉。大戟、岩白菜和叶片饱满多汁的景天，可以填充花境的空隙，并且在质地上形成反差。

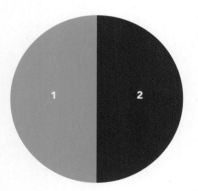

1　青柠绿色
2　翠雀蓝

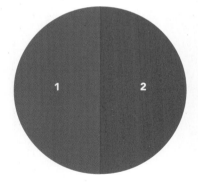

1　青苔色
2　猩红色

组合 1

　　绿色是蓝色的相邻色，两者很搭。蓝绿组合常常出现在同一株植物上，令人愉悦、轻松。翠雀花的蓝色花朵和它自身的绿色叶子以及更明亮、更浓郁的绿色背景都很协调。

组合 2

　　看上图的圆环，绿色和红色似乎在一起颤动着，两色相争引起我们的注意。红色和绿色为互补色，自然界用这两种颜色的反差来引起生物对花和果实的注意。红配绿的组合简单、经典、吸睛，这样的组合引人入胜。图中浓郁的猩红色月季在白色的花丛中很出挑。

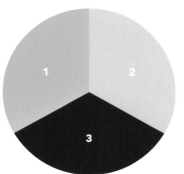

1 焦糖奶油色
2 嫩绿色
3 复古绿

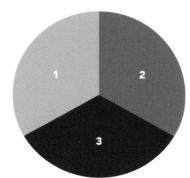

1 淡黄绿色
2 翡翠绿
3 暗紫色

组合 3

　　绿色通常不被认为是一种暖色，但到了秋天，随着叶子中的叶绿素开始流失，树叶就会换上棕绿和黄绿色的新装。常绿植物仍保持深绿色，和落叶乔木及灌木组合种植时，会在秋末带来一种全新的景象。

组合 4

　　黄绿色的花和翡翠绿及暗紫色的叶子的混搭会把我们带回到维多利亚时期。这是一种非常大胆，却又明亮诱人的颜色组合，图中种植了黄金大戟、老鹳草以及低矮紫叶小檗。

绿色系的花

上图
兰斯烟草

高大的茎干上悬垂着精致的绿色铃铛形花朵，让这种烟草易于作为几乎所有植物组合的补充。既可种植于花境里，也能盆栽，易自播。

高度：1 ~ 1.5 米
冠幅：0.1 ~ 0.5 米
光照：全日照至半阴
土壤：湿润但排水良好
花期：7—9 月
耐寒性：H2（一年生植物）

对页
唐菖蒲'绿星'

唐菖蒲非常适合用作切花，值得多种些球茎，这样就能留一些在花园里绽放。到了秋天，把球茎挖出来，存放在无霜冻的地方明年再种。

高度：0.5 ~ 1 米
冠幅：0.1 ~ 0.3 米
光照：全日照
土壤：湿润但排水良好
花期：8—9 月
耐寒性：H3（不耐寒球茎）

更多植物

圆叶柴胡
须苞石竹'绿戏法'
齿叶铁筷子

圆锥绣球'聚光灯'
贝壳花

常绿阔叶植物

对页
棕榈

棕榈优雅的姿态没有哪种植物能比得上。棕榈非常耐寒，分布最广，树干会慢慢变成棕色，毛茸茸的。成年的植株会开奶油色的花，结蓝色的果实。

高度：12米+
冠幅：1.5 ~ 2.5米
光照：全日照至半阴
土壤：排水良好
花期：6—7月（常年绿叶）
耐寒性：H5(常绿乔木)

左上图
刺老鼠簕

刺老鼠簕因叶子优雅而受推崇，叶子带刺，有着高高的白色总状花序，每朵花从粉紫色苞片中探出头来。若冬天极寒，叶子则会枯死。

高度：1 ~ 1.5米
冠幅：0.5 ~ 1米
光照：全日照至半阴
土壤：排水良好
花期：6—8月（全年大多数时候叶常绿）
耐寒性：H6(耐寒多年生植物)

右上图
凸尖杜鹃

大多数杜鹃花都引人注目，但有些品种的叶子就很漂亮，凸尖杜鹃的叶子是所有杜鹃属植物中叶子最大的，奶油色的钟状花仅仅是锦上添花而已。

高度：8 ~ 12米
冠幅：8米+
光照：半阴
土壤：湿润但排水良好
花期：4月（常年绿叶）
耐寒性：H4(常绿灌木)

更多植物

交让木　　　　　　　海桐
阿尔巴尼亚大戟　　　台湾鹅掌柴
八角金盘　　　　　　昆栏树

上图
智利南洋杉

智利南洋杉大家都熟悉，无须过多介绍。
枝条轮生，每段都长满了刺状的叶子，形成了
独特的金字塔形。成年植株会长出大大的球果
（仅雌性植株）。

高度：15～25米
冠幅：6～9米
光照：日照或半阴
土壤：湿润但排水良好
花期：5月（全年有松果）
耐寒性：H7(常绿植物)

对页
金松'绿美人'

金松'绿美人'是一种生长速度相对较慢、
用途很广的针叶植物，长有厚革质松针，株型
为整齐的锥形。适合盆栽或种植在室外作为园
景树，成年植株会长出球果。

高度：7～9米
冠幅：4～8米
光照：全日照或半阴
土壤：湿润但排水良好
花期：5月（全年有松果）
耐寒性：H6(常绿植物)

更多植物

香脂冷杉'皮克洛'	欧洲赤松'绿企鹅'
日本粗榧'法斯蒂加塔'	巨杉'垂枝'
地中海柏木'绿铅笔'	罗汉柏

落叶水生植物

对页
木贼

尽管木贼和问荆具有很近的亲缘关系，但这种水生植物却内敛得多，不开花，但有些茎干顶端会长出绿色至棕褐色的球果。

高度：0.6 ~ 1.2 米
冠幅：0.3 ~ 1.8 米
光照：全日照至半阴
土壤：湿润，可部分浸入水中
花期：不开花
耐寒性：H7(耐寒多年生植物)

左上图
睡菜

这种多年生植物有三片小叶，和豆科植物很像，所以又称为"沼泽豆"。匍匐状根状茎粗大，到了春天，则点缀着粉白色带褶边的花朵。

高度：0.1 ~ 0.5 米
冠幅：1 ~ 1.5 米
光照：全日照至半阴
土壤：湿润，可部分浸入水中
花期：5—6(春夏绿叶)
耐寒性：H7(耐寒多年生植物)

右上图
睡莲 '阳光粉'

睡莲的叶子漂浮在水面上，给水生生物提供遮阴和庇护，并可减缓藻类的生长。睡莲花朵漂亮得令人惊叹，虽然开花时间不长，但数量多。

高度：及至水面
冠幅：1.5 ~ 1.8 米
光照：全日照
土壤：完全浸入水中
花期：5—9 月(春夏绿叶)
耐寒性：H5(耐寒多年生植物)

更多植物

菖蒲　　　　　　　梭鱼草
杉叶藻　　　　　　水凤梨
水鳖　　　　　　　水竹芋

落叶木本植物

左上图
桦叶鹅耳枥

桦叶鹅耳枥是种优雅的树，树皮灰色，叶脉整齐，长有一簇簇褐色、下垂的翅果。容易修剪成树篱和造型树，虽然会不利于结果，但这种损失微不足道。

高度：12～18米
冠幅：9～12米
光照：全日照至半阴
土壤：湿润但排水良好
花期：3月（春夏绿叶）
耐寒性：H7(落叶乔木)

右上图
通脱木'雷克斯'

这种灌木醒目，叶片巨大，背面呈银色，极具热带风情。主要作为观叶植物种植，如果气温比较低，则很少开花，地下的根蘖会造成大麻烦。

高度：2.5～4米
冠幅：1.5～2.5米
光照：全日照至半阴
土壤：排水良好
花期：9月（春夏绿叶）
耐寒性：H4(落叶灌木)

对页
楤木

楤木在很多方面表现出色。茎干红色，叶子深裂，到了秋天，叶子就变成深浅不一的红色。一簇簇白色的花开谢后，结紫色的浆果；根蘖多。

高度：8～12米
冠幅：8～12米
光照：半阴
土壤：湿润但排水良好
花期：7—8月（春夏绿叶）
耐寒性：H5(落叶乔木)

更多植物

臭椿	刺楸
美国梓树	鹅掌楸
无花果	毛泡桐

绿色系蕨类植物

对页
软树蕨

软树蕨巨大的茎干上长着大量蕨叶。从藏在树冠内部、缠绕整齐的叶丛中舒展开来，凑近细看，呈精致的花边状。需要进行冬季防护。

高度：2.5 ~ 4 米
冠幅：2.5 ~ 4 米
光照：半阴至全阴
土壤：湿润但排水良好
花期：不开花
耐寒性：H3(落叶乔木)

上图
生根狗脊

生根狗脊长着大大的弯曲的蕨叶，常在地面缠绕在一起。叶尖端部分伸到土中会生根。常绿植物，若冬天寒冷则可能会落叶。

高度：1 ~ 1.5 米
冠幅：1.5 ~ 2.5 米
光照：半阴
土壤：湿润但排水良好
花期：不开花
耐寒性：H3(耐寒多年生植物)

更多植物

细叶铁线蕨
欧洲对开蕨
智利乌毛蕨

大羽鳞毛蕨
北美球子蕨
棕鳞耳蕨

经过修剪的树篱

上图
锦熟黄杨

如果不修剪，锦熟黄杨就会长成枝条松散的灌木。不过修剪后就能作为低矮的树篱或者造型树。树篱或者造型树会给花园增添一丝绿色，也与五彩缤纷的花境形成完美的反差。

高度：4～8米（未修剪时）
冠幅：4～8米（未修剪时）
光照：全日照至半阴
土壤：湿润但排水良好
花期：4—5月
耐寒性：H6（常绿灌木）

对页
桦叶鹅耳枥

桦叶鹅耳枥可加以灵活运用，此处的桦叶鹅耳枥经过修剪，和树下低矮的锦熟黄杨树篱以及周围的红豆杉相呼应。经过修剪后会形成空中树篱，但光线仍然可以从柱形树干间穿透而过，所以不会造成幽闭、恐怖的感觉。

高度：12～18米
冠幅：9～12米
光照：全日照至半阴
土壤：湿润但排水良好
花期：3月（春夏绿叶）
耐寒性：H7（落叶乔木）

更多植物

长阶花	大花木樨
齿叶冬青	薄叶海桐
蕊帽忍冬	欧洲红豆杉

蓝

我们生活在一个蓝色星球上。晴朗无云的天空是蓝色的，海洋、河流和湖泊的颜色也呈蓝色。蓝色能让人感到平静、安宁。它是花园中广受欢迎的花色，也是很多人最喜爱的颜色。蓝色用途广泛，可与其他大多数颜色一起使用。我们被蓝色包围，和绿色与棕色一样，它将我们与自然相连。

蓝色系

人们通常认为蓝色是一种冷色，尤其是在北方高纬度地区，在光照强度较弱的情况下蓝色显得愈发冷淡。更偏冷色调的蓝色含白色和些许绿色调，给人带来冰冷的北极色调，减少白色比例则能得到青色与海蓝色。蓝色与白色混合可以产生柔和的色彩，从浅蓝色到矢车菊蓝和浅灰蓝色。接近靛蓝色的蓝紫色则是较温暖的颜色。蔚蓝色、波斯蓝、钴蓝色、琉璃蛱蝶紫蓝和青玉色都是明亮、充满活力的颜色。而如藏青色、丹宁布色、普鲁士蓝、牛津蓝这些较深的蓝色则是隐性色彩。

对页

蓝色的花卉很罕见。许多"蓝色"花朵实际上是紫色或介于蓝色和紫色间的，比如这些堇菜属植物的花朵，色调会根据光照不同发生变化。蓝色与紫色和银色都能和谐搭配，白艾'灰色'和纸花葱就是这种色彩组合。

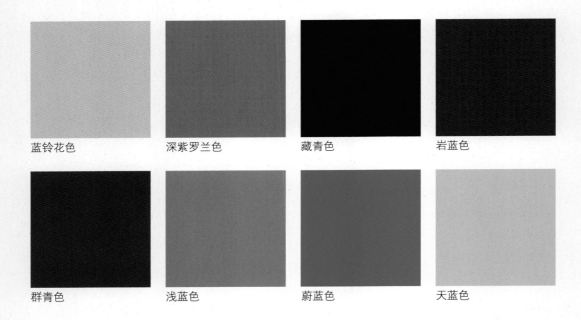

蓝铃花色　　深紫罗兰色　　藏青色　　岩蓝色

群青色　　浅蓝色　　蔚蓝色　　天蓝色

花园中的蓝色

在草原和山地的辽阔天空之下，在湖泊与池塘之畔，在绵延的沙滩或悬崖之巅都有蓝色花朵的身影。蓝铃花绽放于早春的林地里，虽然婆婆纳和老鹳草也能在半阴环境中生长良好，但多数蓝色花卉在阳光充足的环境里才能蓬勃生长。蓝色很适合和绿色一起作为灌木花境或林地花境的背景。

令人平静放松的蓝色处于色温谱线上冷色的那端。研究表明当人处于蓝色环境中时，心率和血压都会降低。

自然界中蓝色尤为罕见。富含花青素（一种水溶性色素）的植物可以呈现出蓝色，取决于其酸碱度。虽然有一种名为菘蓝的传统染料是利用植物菘蓝的叶片制作而成的，但将蓝色花朵直接进行研磨无法得到蓝色。直到 20 世纪初人们才发现了一种合成蓝色有机颜料的方法，在那之前，纯净的蓝色颜料一直都只能靠将青金石这种半宝石精细研磨来进行制作。这种颜料贵得令人咋舌，只在贵族人群和宗教艺术中使用。

下图

虽然在这个花境中蓝色植物不是花量最大的，但蓝色确实是主导色彩。两种深浅不一的蓝色翠雀植株在花丛中鹤立鸡群、流光溢彩。色彩的重复使用是统一花园风格的有效手段。

根据环境选择合适的蓝色

蓝色具有功能多和色系庞大的特点，使得它同时适合高光照和低光照条件。蓝色虽然是冷色，但也是炎热气候区的色彩。在地中海地区明亮强烈的光线下，墙壁、水池、陶瓷容器和家具往往都是蓝色或蓝白相间的颜色，与海和天交相辉映，营造出一个蓝色的世界。该地区和其他强光照地区的人们都熟知蓝色，也了解如何将蓝色与其他色彩相配合。蓝色与白色、黄色和橙色的组合都是很受欢迎的，而与浓烈的红色组合能产生强烈的效果。

但鲜艳的蓝色在较低的光照水平下，可能会显得黯淡、不受欢迎。因此在高纬度地区，人们更偏向于使用饱和度较低的蓝色。

搭配其他色彩

蓝色调四季都在变化。春季到初夏的蓝色往往是较浅的色调，与其他柔和的春季色彩搭配自然。到了仲夏至夏末，蓝色加深，与盛夏花朵的深红、黄色、橙色形成鲜明对比。

我们可以将各种蓝色组合成一个和谐的冷色调，再将白色加入其中提升亮度。但是单独的蓝色与白色搭配会产生一种过于清冷的色彩效果。叶片的绿色可以加深，而深绿色则能使蓝色更加突出。浅蓝色与灰白色植物搭配能给人宁静安详的感觉。

含有紫色成分更多的蓝色非常适合寒冷气候环境。特别是在浅绿色叶片的映衬下，紫色的暖调会格外显眼。将蓝色与橙色和黄色花朵搭配的效果令人兴奋，在阳光下显得生机勃勃。

和绿色一样，蓝色可以和其他所有色彩搭配，大家不妨一试。可以在常绿树叶中搭配深蓝和深红色，也许还可加一点黄色。浅一些的蓝色和桃红色在花园的暖色碎石衬托下非常和谐。深或浅的蓝色和丁香紫色搭配起来柔和又养眼，在硬质景观的灰色背景映衬下非常出色。被大丛白色花朵隔开的蓝色与橙色交相辉映，牵引着人们的视线。

开蓝色花的植物

植物王国中的蓝色都在花朵上展现。从刺芹那极浅的蓝色到翠雀那浓重的深蓝色，蓝色花朵的色调范围很大。一些植物正是因其"蓝"而为人所珍视。矢车菊的拉丁学名得自其花朵所呈现的偏蓝色调的蓝绿色，而矢车菊蓝又成为家喻户晓的颜色名称。绿绒蒿和百子莲以其花朵的蓝色而出名，而蓝铃花、番红花、牵牛花、鸢尾花也都有人人知晓的蓝色品种。

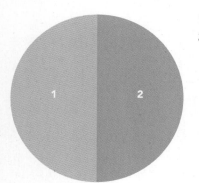

1　蓝铃花色
2　丁香紫色

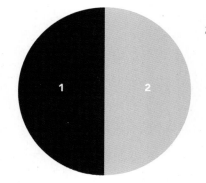

1　岩蓝色
2　黄色

组合 1

　　将蓝铃花色和丁香紫色混合是非常经典的冷色调组合。十分适合初夏时节,和水景搭配尤其出色。这些蓝色的鸢尾和丁香紫色的欧亚香花芥虽然色彩并不惹眼,但却能使人专注于欣赏花朵形态和整体宁静的配色。

组合 2

　　深得近似藏青色的岩蓝色与明亮的黄色搭配起来能使两种颜色都突出起来。当阳光照射到花朵上时,两种色彩都明亮发光,宛如色彩盛宴。这些岩蓝色的翠雀花朵,在黄色花朵、绿色叶片和蓝色天空的映衬下十分与众不同。

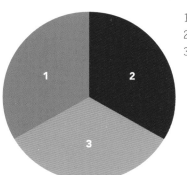

1 深紫罗兰色
2 深紫色
3 橙色

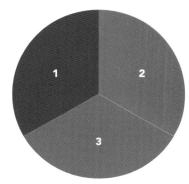

1 藏青色
2 猩红色
3 深橄榄绿色

组合 3

鸢尾'南海'的蓝色与路边青'朱莉安娜公主'的橙色是互补色，其鲜明对比产生了活力四射的效果。加入羽扇豆'杰作'的深紫色使得配色更有纵深感，而绵毛水苏的银灰色叶片又给画面增加了前景。这个作品中的色彩组合非常巧妙地将对比明显的色彩一起使用。

组合 4

英国国旗上的红色与蓝色犹如勇敢不妥协的宣言。而绿叶则能使这一构图的气氛平静下来，视觉感受更为轻松。这种大胆的红蓝对比应谨慎使用，主要用来突出花园中的亮点，例如用在出入口两侧。

蓝色系一年生植物

左上图
六倍利 '深蓝蔓生拉古纳'

长久以来，蔓生半边莲属植物一直都是组成悬吊花篮的主要品种。原因很简单，它的花期贯穿整个夏季并且无须摘除残花，但需要足够的水肥滋养。

高度：0.1 ~ 0.5 米
冠幅：0.1 ~ 0.5 米
光照：全日照至半阴
土壤：排水良好
花期：5—9 月
耐寒性：H2（一年生植物）

右上图
瓜拉尼鼠尾草

这种不耐寒的鼠尾草植物很适合用来填补夏季花境中的空缺，它的花期能持续到霜降。植株有时候能挺过冬季，也可以搬入室内御寒。它的叶子具有香气。

高度：1.5 ~ 2.5 米
冠幅：1 ~ 1.5 米
光照：全日照
土壤：排水良好
花期：7—10 月
耐寒性：H3（不耐寒植物）

对页
矢车菊 '蓝色大拇指汤姆'

这是一种优秀的欧洲本土矢车菊品种，直接播种也很容易生长。适合在干旱的土壤中种植，可与其他野花混种。

高度：0.5 ~ 1 米
冠幅：0.1 ~ 0.5 米
光照：全日照
土壤：排水良好
花期：5—7 月
耐寒性：H6（一年生植物）

更多植物

蒙乃利琉璃繁缕
蓝蓟
雨伞花

森林勿忘草
黑种草 '吉基尔小姐'
钟状沙铃花

蓝色系多年生植物

对页
翠雀

翠雀属植物有许多能开出蓝色花朵的优良品种，其高大耸立的花茎通常成为花境的背景。而这种袖珍品种叶片像蕨类，花朵也较少，给人的冲击力较弱，却完美契合草甸花园或乡村花园。

高度：0.1 ~ 0.5 米
冠幅：0.1 ~ 0.5 米
光照：全日照
土壤：湿润但排水良好
花期：6—7 月
耐寒性：H5（耐寒多年生植物）

左上图
绿绒蒿 '林霍姆'

如同招待一位超级巨星，养好它需要严格遵循其生长习性——适宜生长在半阴、凉爽的环境中和酸性土壤里，其质地如同皱纹纸般的花朵值得人们花费精力去培育。

高度：0.5 ~ 1 米
冠幅：0.1~0.5 米
光照：半阴
土壤：湿润但排水良好
花期：6—7 月
耐寒性：H5（耐寒多年生植物）

右上图
疏花木紫草 '星星'

一种能长期抑制杂草野花生长的地被植物。其匍匐生长的特性也很适合盆栽。星星股的花朵开放在深绿色的叶子上。

高度：0.1 ~ 0.5 米
冠幅：0.1 ~ 0.5 米
光照：全日照
土壤：排水良好
花期：5—8 月
耐寒性：H5（耐寒多年生植物）

更多植物
胡氏水甘草
翠雀 '蓝色黎明'
硬叶蓝刺头

刘氏亚麻
滨紫草
天蓝变豆菜

左上图
深蓝蓝壶花'蓝色魔法'

这种球根植物生长力旺盛，能快速蔓延成一片亮蓝色的花毯，即使在落叶灌木下这类条件艰难的环境中也很适宜种植。花朵顶端镶嵌的一圈白色值得人凑近观赏。

高度：0.1 ~ 0.3 米
冠幅：0 ~ 0.1 米
光照：全日照至半阴
土壤：湿润但排水良好
花期：3—4 月
耐寒性：H6（春季球根植物）

右上图
蓝铃花

这种植物俗名为"英国风信子"，虽然其野生数量在减少，但仍是一种富有活力、易繁殖的植物，最适合在郊野林地种植。它的针状叶片能形成一层密实的毯子，可以抑制早春杂草。

高度：0.1 ~ 0.5 米
冠幅：0 ~ 0.1 米
光照：全日照
土壤：湿润但排水良好
花期：4—5 月
耐寒性：H6（春季球根植物）

对页
鸢尾'佩里蓝'

作为众多优秀的西伯利亚鸢尾中的一员，它具有耐寒与适应性强的特点。在各种土壤中均能栽种，其迷人的绿叶能一直生长到秋季。

高度：0.5 ~ 1 米
冠幅：0.1 ~ 0.5 米
光照：全日照至半阴
土壤：湿润但排水良好
花期：5—6 月
耐寒性：H7（耐寒多年生植物）

更多植物

林荫欧银莲'皇室蓝'　　　獐耳细辛'磨溪梅林'
心叶牛舌草　　　　　　　春星韭'威斯里蓝'
糠百合　　　　　　　　　西伯利亚蓝瑰花

蓝色系高山植物

对页
蓝嵩莲

　　植物王国中最浓烈的蓝色花卉之一。这种球根植物俗名为"智利蓝番红花"，在湿度可控、害虫（蛞蝓）可控的温室中种植表现最佳。

高度：0 ~ 0.1 米
冠幅：0 ~ 0.1 米
光照：全日照
土壤：排水良好
花期：2—3 月
耐寒性：H3（春季球根植物）

上图
多色风铃草

　　这种可变异的多年生植物可能具有直立茎或匍匐茎，两种形态的茎干都从基叶莲座中生出。如果在户外生长，养护有难度，必须具备非常好的排水条件。花朵有丁香味。

高度：0.1 ~ 0.5 米
冠幅：0.1 ~ 0.5 米
光照：全日照
土壤：排水良好
花期：7—9 月
耐寒性：H6（耐寒多年生植物）

更多植物

石山耧斗菜　　　　　　心叶地团花
类华丽龙胆　　　　　　艳丽花葱
春龙胆　　　　　　　　灰岩远志

蓝色系攀缘植物

左上图
蓝花丹

　　蓝花丹是一种蔓生灌木，它没有卷须之类的攀爬工具，但如果把长茎牵引到棚架上也能长成美丽的爬墙灌木；适宜温室生长。

高度：2.5～4米
冠幅：1～1.5米
光照：全日照
土壤：排水良好
花期：6—9月
耐寒性：H2（不耐寒攀缘植物）

右上图
铁线莲'蓝光'

　　这种铁线莲品种的巨大重瓣花朵非常迷人。它属于二类铁线莲，因此不需要重剪——在冬末将茎条剪短至一对壮芽上方即可。

高度：1.5～2.5米
冠幅：0.5～1米
光照：全日照至半阴
土壤：湿润但排水良好
花期：6—9月
耐寒性：H6（落叶攀缘植物）

对页
蝶豆

　　这种豆科攀缘植物能很快覆盖一座石碑。最好在较大的花盆中种植，可以成为露台上令人惊叹的美景，同时也方便在冬季搬入室内。

高度：3～4.5米
冠幅：1～2米
光照：全日照
土壤：湿润但排水良好
花期：6—9月
耐寒性：H1c（不耐寒攀缘植物）

更多植物

三色牵牛	蓝藤莓
家山黧豆	巴提斯孔贝山牵牛
西番莲	天蓝旱金莲

蓝色系灌木

对页
木槿'蓝色雪纺'

虽然这种木槿看上去富有异国情调，却极其耐寒，多花，易于栽种。它是落叶植物，春天萌发新叶的时间通常晚于很多植物。

高度：1.5 ~ 2.5 米
冠幅：1 ~ 1.5 米
光照：全日照
土壤：湿润但排水良好
花期：6—10 月
耐寒性：H5（落叶灌木）

上图
美洲茶'普吉特蓝'

这种常绿灌木需要种在阳光充足的地方才能茁壮成长，一旦满足条件，花量大到令人难以置信。它是大受蜜蜂青睐的植物，可以用作树篱。

高度：1.5 ~ 2.5 米
冠幅：1.5 ~ 2.5 米
光照：全日照
土壤：排水良好
花期：4—6 月
耐寒性：H4（常绿灌木）

更多植物

蓝花荻	绣球（花色受土壤酸碱度影响）
蓝雪花	迷迭香
常山	蓝蝴蝶'乌干达'

蓝色系硬质景观

对页

类似图中墙壁这样大片的深蓝色区域需要明亮的阳光照射才能表现得亮眼。注意蓝色与黄色之间那种闪烁的效果。

材料：粉刷上色的墙面与陶罐
色彩来源：油漆
色彩耐久：可能会轻微褪色，需要每5年重新粉刷一次
预期使用年限／耐久度：恰当维护下有20年以上寿命

上图

蓝色陶瓷制品是地中海及其他气候炎热地区的一大特征。蓝色常被用在装饰性的马赛克图案上，例如图中被用来勾勒小径和种植区的边缘。

材料：蓝色瓷砖
色彩来源：蓝色釉彩，多种色彩可选
色彩耐久：不变色
预期使用年限／耐久度：如适当铺装可无限期使用／高度耐用

更多材料

雨棚和软装家具
陶罐和花盆

油漆和粉末涂料

紫

在花园中，紫色不是一种容易运用的颜色。但紫色调范围宽广，这使它成为色彩组合中重要的部分。有些紫色几乎呈蓝色，有些接近棕色，而有些基本接近黑色了。当然也有偏粉的紫罗兰色和淡紫色。既有色彩浓郁、深邃、鲜艳的紫色花朵和叶片，也有明亮淡雅色调的紫色植物。但人们日常所说的"紫色"，是一种偏红的紫，由红色和蓝色混合而成。

紫色系

浅紫色调中包含大量的白色，例如淡紫色、紫水晶色、藕荷色和丁香色，它们往往让人联想起热带气候中花朵的颜色。帝王服饰中那种更为纯净的紫色调包括紫罗兰色和鸢尾色。更为深邃浓郁，也更偏红的紫色包括葡萄紫、绛紫色、木槿紫、深紫红色和酒红色，紫色调中颜色最深的是茄皮紫和乌紫色。

对页
紫色是一种难以描述的颜色。在图中的花境里，几种不同的紫色与粉色和蓝色混合在一起，让这些颜色之间本就不明确的界线更加模糊。硕大的大花山萝卜那柠檬色的花朵，为整个画面增添了一种愉悦的氛围。

淡紫色　　　　薰衣草色　　　　葡萄紫色　　　　深紫色

丁香色　　　　皇家紫　　　　　绛紫色　　　　　热情紫

花园中的紫色

　　紫色在自然界中不是一种常见的颜色。几乎没有动物或植物是纯紫色的。昆虫的视觉系统对紫外光高度敏感，这让昆虫能够看到人类肉眼无法看见的花朵内部构造。

　　紫色是一种间色，由红色和蓝色两种原色调和而成。纯粹的紫色不是一种常见的花色。偏红的紫色充满活力、奢华无比、略带魔力，而偏蓝的紫色则让人感觉更为冷静和安宁。

紫色作为背景色

　　紫褐色的叶片混在绿色的枝叶中，能增添灌木花境的丰富感，混色的树篱本身看起来就更有趣味。橙色的浆果和绿篱开出的白花，与紫色叶片形成鲜明对比，将花境的边缘和背景也变成了花园中令人赏心悦目的部分。

下图
　　紫色的花能用在任何光线环境中。在白天明亮而充满活力的紫色，到了黄昏时分会显得浓郁而温暖。图中，紫色鼠尾草那高挑摇曳的花穗，在一片紫色铁线莲、黄色木茼蒿和蓝色荆芥中显得尤为出众。

搭配其他色彩

很少有花园是以紫色为基础来设计打造。就像红色和黄色一样，紫色在少量使用时效果最妙，因为这样可以让其他颜色也能吸引人们的注意力。或者可以在色彩缤纷的组合中，将紫色的植物作为点睛之笔，让其高挑出众，傲视于其他植物。

紫色也需要其他颜色的衬托才能真正闪亮出彩。将紫色和红色搭配在一起，能产生浓郁、强烈并且冲击力十足的效果，但有时也可能带来阴沉忧郁的感觉。如果是用来提升色彩亮度，那最好用淡紫色与粉色和丁香紫色来搭配。加入橙色，可以打造出明亮而充满活力的组合。例如在橙色调的草丛中抽出紫色花朵的花穗，花朵如同飘浮在一片轻柔的金色背景之上。

将不同深浅的紫色搭配在一起，例如茄皮紫、绛紫色和丁香紫色的组合，既漂亮又奢华。可以根据不同的光线环境，使用偏红的紫色或偏蓝的紫色。加入奶油色和白色可以使紫色组合更令人愉悦，特别是在阳光充足的情况下。

紫色与白色的搭配会非常迷人。紫色品种的接骨木和峨参都开白花，白色的花朵在深色叶片的映衬下显得格外醒目。小规模的这种搭配看起来会十分动人，即使这样的视觉效果只能欣赏数周，也值得一试。

淡紫色搭配柔和的绿色可能最为常见。色调较浅的藕荷色、丁香紫色和淡紫色的搭配更显静谧，尤其当与那些拥有灰叶或蓝绿色叶片的植物搭配在一起的时候。淡紫色与粉色和浅蓝色搭配，既美观又令人放松。若想营造更有活力的视觉效果，可以在花园中全天都有日照、炎热干燥的地方，用淡紫色搭配上橘粉色、杏黄色、古铜色或奶油色的花朵。

淡紫色和深紫色都可用在草本花境中。在草本花境中，我们几乎可以"闻到"紫色的味道，因为紫色会让人联想到具有芳香气味的植物，从这种植物中能够提取精油。要想看起来更高级，可以将紫色和灰色搭配，将紫色植物种在混凝土或镀锌板花盆中。

适用于鲜艳色彩组合的植物

有着修长花茎的紫色花朵，尤其是像葱（如观赏葱）、地榆、婆婆纳、耧斗菜和柳叶马鞭草，在一定高度上带来摇曳着的深邃浓郁色彩。堇菜（如三色堇）、忍冬和松果菊的有些品种，在一朵花上就既有紫色又有橙色。

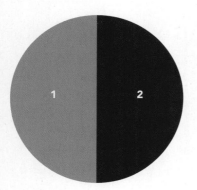

1 薰衣草色
2 皇家紫

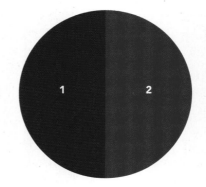

1 深紫色
2 宝石红色

组合 1

虽然相较于蓝色，紫色是更为温暖的色调。但通过改用紫色，能增强较为传统的蓝色花园的清凉感。图中柳叶马鞭草和鼠尾草的颜色与组合 1 中的色彩类似，但白色百子莲和丝石竹的加入，又为整体色彩增添了一抹亮色。

组合 2

在淡紫色的花朵和灰绿色的叶片中加入深紫色，打造出浓郁的色调组合。在一片色彩较浅的鼠尾草'阿米斯塔德'以及粉色的偏翅唐松草之中，宝石红色的大丽花'阿拉伯之夜'脱颖而出，分外醒目。

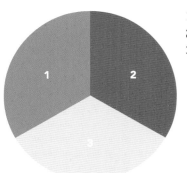

1 薰衣草色
2 红色
3 淡粉色

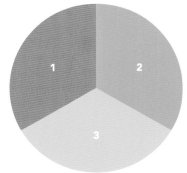

1 热情紫
2 焦糖奶油色
3 蜜黄色

组合 3

　　红色是一种视觉效果强烈的颜色，在红色中添加白色可以调出淡粉色。紫色系中有一种较为浅淡的色调是薰衣草色。图中组合用到了鸢尾、羽扇豆和鼠尾草，用三种关系密切的颜色，营造出了让人意想不到却又振奋人心的效果。

组合 4

　　紫色、橙色和黄色总能让人想起阳光灿烂的日子，三者总能在花园中的明亮一隅打造出愉悦和振奋人心的色彩组合。图中，桂竹香'鲍威尔淡紫'是主角，这样就能为画面的整体色调降温，但又不会抵消掉冰岛虞美人的偏暖色调。此处若是使用浅蓝色则会使色调过于偏冷。

上图
矮牵牛'品紫条纹'

无论是垂吊型还是直立型,矮牵牛一直是花坛植物中的重要成员。喇叭状的花朵能开成一片花毯,是吊篮或窗台花箱的理想选择。

高度:0.1 ~ 0.5 米
冠幅:0.5 ~ 1 米
光照:全日照
土壤:排水良好
花期:5—9 月
耐寒性:H2(一年生植物)

对页
飞燕草'淡紫色的吻'

可以直接在花境中播种。飞燕草得名于花朵带有细长的花距,好似轻盈的飞燕。摘除残花能大大延长花期。

高度:0.6 ~ 1.2 米
冠幅:0.3 ~ 0.5 米
光照:全日照
土壤:排水良好
花期:6—8 月
耐寒性:H6(一年生植物)

更多植物

熊耳草	南美天芥菜
蓝英花	矮牵牛'夜空'
风铃草	蓝扇花

紫色系多年生植物

对页
羽扇豆 '风笛手之子汤姆'

羽扇豆花色多种多样，因容易种植、花朵楚楚动人而广受欢迎。图中是双色的羽扇豆变种，它最顶上的花瓣呈白色。

高度：0.5 ~ 1 米
冠幅：0.1 ~ 0.5 米
光照：全日照至半阴
土壤：排水良好
花期：5—7 月
耐寒性：H5（耐寒多年生植物）

左上图
大花白头翁

花期在复活节（一般在 3 月 22 日至 4 月 25 日）前后的大花白头翁，先开花，再长出如同蕨类植物一般的叶子。花后会结出羽毛状、银红色的种子。

高度：0.1 ~ 0.5 米
冠幅：0.1 ~ 0.5 米
光照：全日照
土壤：排水良好
花期：4—5 月
耐寒性：H5（耐寒多年生植物）

右上图
奥地利婆婆纳 '爱奥尼亚天空'

这些纤柔精巧的淡紫色花朵，从一丛丛绿油油的锯齿状叶片间冒了出来。婀娜轻柔的花朵不会遮挡住身后的植物，非常适合种在花境的前景中。

高度：0.1 ~ 0.5 米
冠幅：0.1 ~ 0.5 米
光照：全日照
土壤：排水良好
花期：5—6 月
耐寒性：H6（多年生植物）

更多植物

风铃草 '紫色感觉'　　　　　　疗喉草
大老鹳草　　　　　　　　　　柳叶马鞭草
滨藜叶分药花　　　　　　　　香堇菜

紫色系开花灌木

上图
紫彩绣球

虽然这种绣球巨型的花朵是其主要卖点，但它长达30厘米的硕大叶片同样令人印象深刻。

高度：1.5～2.5米
冠幅：1.5～2.5米
光照：全日照至半阴
土壤：湿润但排水良好
花期：7—9月
耐寒性：H5（落叶灌木）

对页
神香草

叶片香气浓郁，紫色的花朵深受蜜蜂喜爱。耐旱，可以作为矮树篱种植。神香草也有粉花和白花的变种。

高度：0.1～0.5米
冠幅：0.5～1米
光照：全日照
土壤：湿润但排水良好
花期：6—9月
耐寒性：H7（常绿灌木）

更多植物

醉鱼草	卵叶木薄荷
芫花	欧丁香'感觉'
薰衣草	穗花牡荆

紫叶植物

对页
日本小檗'皇家勃艮第'

这种株型紧密、多刺的灌木，新叶呈现出鲜红色，叶片颜色会逐渐加深变成紫色。可作为低矮丛生球状灌木，非常适合规则式花园。春天开花，花朵颜色黄中带红，花后结红色浆果。

高度：0.5～1 米
冠幅：0.5～1 米
光照：全日照至半阴
土壤：湿润但排水良好
花期：4 月（一年大部分时间都可观赏紫色叶片）
耐寒性：H7（落叶灌木）

上图
加拿大紫荆'森林三色堇'

这是一种小型乔木，春天光秃秃的树干上会先冒出粉色的花朵，再长出红色到紫色的心形叶片，叶片之后会渐渐变绿。秋季的叶色也非常引人注目。

高度：4～8 米
冠幅：4～8 米
光照：全日照至半阴
土壤：排水良好
花期：4 月（一年大部分时间都可观赏紫色叶片）
耐寒性：H7（落叶乔木）

更多植物

单穗升麻深紫色组
紫叶梓树
欧榛'红色壮观'

欧黄栌'皇家紫'
欧洲水青冈'紫垂'
矾根'上海'

可食用的紫叶植物

左上图
罗勒'深色蛋白石'

这种色彩鲜艳的紫色罗勒散发着芬芳，在叶片上方开出淡粉色的花朵。是一种完美的庭院盆栽观叶植物。

高度：0.1～0.5米
冠幅：0.1～0.5米
光照：全日照
土壤：排水良好
花期：6—9月（一年大部分时间都可观赏紫色叶片）
耐寒性：H1c（一年生植物）

右上图
甘蓝'红宝'

这种紫色的羽衣甘蓝非常耐寒，因此可以和桂竹香以及其他冬季花坛植物混种。

高度：0.4～0.6米
冠幅：0.4～0.6米
光照：全日照
土壤：湿润但排水良好
花期：极少开花
耐寒性：H4（一年生／二年生植物）

对页
欧鼠尾草'紫芽'

这种可食用的鼠尾草非常耐寒，是一种绝佳的盆栽植物。紫色的花朵为其增加了观赏价值。

高度：0.5～1米
冠幅：0.5～1米
光照：全日照
土壤：湿润但排水良好
花期：5—6月（叶片全年紫色）
耐寒性：H5（常绿灌木）

更多植物

淡黄厚皮菜'麦格雷戈最爱'　　　杖藜
甘蓝'一月国王3'　　　　　　　番薯'甜蜜卡罗琳紫甜心'
蔓菁'鲁比'　　　　　　　　　　茴茴苏

紫色系浆果

对页
老鸦糊'丰富'

这种紫珠属植物因其色彩奇异的果实而受人喜爱，人们能在夏天欣赏到它紫色的花朵，在秋天欣赏到它五彩缤纷的叶片。在春天时叶片略呈紫色。

高度：2.5 ~ 4 米
冠幅：1.5 ~ 2.5 米
光照：全日照至半阴
土壤：排水良好
花期：6—8 月（冬季结紫色浆果）
耐寒性：H6（落叶灌木）

上图
斑叶山菅兰

精致的蓝色花朵和紫蓝色的浆果是斑叶山菅兰最吸引人的地方。在较为寒冷的气候中，需要做好越冬保护。

高度：0.5 ~ 1 米
冠幅：0.1 ~ 0.5 米
光照：全日照至半阴
土壤：排水良好
花期：7—8 月（秋季结紫色浆果）
耐寒性：H3（不耐寒至耐寒多年生植物）

更多植物

东北蛇葡萄
长花吊藤莓
美国紫珠

女贞叶忍冬
针琴木
葡萄'紫叶'

粉

粉色不是原色，它比红色明度高，在红色里加入白色就得到了粉色，加入的白色越多，粉色越淡。红色和紫色位于光谱的两端，红色加入白色后就得到了偏粉的薰衣草紫。粉色不是一个浓烈的颜色，粉色的花朵很容易隐没在其他植物中。粉色包含的白色比例很高，因而在柔和的配色方案中经常使用。它是一种令人放松、赏心悦目，却不容易被注意到的颜色。

粉色系

从淡粉色（接近白色）、嫩粉色到鲜艳的暗紫红色和艳粉色，明度越来越低。火烈鸟粉比淡粉色所包含的白色还要少，在光线比较弱的时候比较显粉。鲑粉色、珊瑚粉和桃粉色都带一抹橙色调，更加浅淡柔和。水红色带着一些紫色调，颜色更暗。

对页
粉色可以很鲜艳，跟暖色很好搭，但它也可以显冷调，尤其是当它和灰色搭配的时候。石竹'胭脂红·莱蒂蒂亚·怀特'粉色的花朵下是灰绿色的叶子，在花园中成为一处可以让目光停驻、放松的地方。

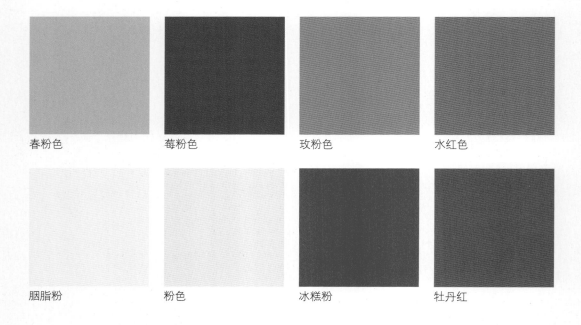

春粉色　　莓粉色　　玫粉色　　水红色

胭脂粉　　粉色　　冰糕粉　　牡丹红

花园中的粉色

尽管粉色不太能成为花园里的主色，但它仍然是一种非常重要的颜色。自然界中的粉色是比较少见的，因而总在花园里出现就尤为有趣。事实上，除了少数昆虫和某些藻类，在自然界中除了花朵，基本上找不到以其他形态存在的粉色。

应用粉色

在花园里怎样应用粉色能达到最佳的视觉效果呢？粉色属于辅色，应该用在种植区域的前景位置，或者高耸于其他植物之上。在小花园里，粉色小花植物盆栽效果最好，这样才能好好观赏。淡粉色和蓝色搭配很舒服，但需要放在大型种植区的前景位置。而较暗的粉色在远处也能看清，可以用在花境的中央。更暗的粉色在远处或者光线变微弱的时候看起来会浅一些。

搭配其他色彩

粉色和用来调制它的基本色（即红色和白色）搭配，效果较好。这三种颜色的组合能营造出一种浅淡、轻快的色调，用在花园里的向阳地带效果尤其好。

倒挂金钟花上深粉色和深紫色的天然组合色彩浓郁而诱人，颜色对比活跃。倒挂金钟的色彩搭配是小范围应用，然而大范围使用这样的色彩搭配就没有这样的效果。

粉色和石青色、灰色很适配。花境边缘的粉色花蔓延到硬质铺面上就能呈现这种效果，盆栽也能打造这样的效果。如果在盆栽组合里用粉色和酒红色或是深蓝色进行搭配，会产生迷人的效果。

开粉色花的植物

当我们联想到舒缓、色调柔和的粉色时，往往会想到石竹、芍药、松果菊、落新妇、穗花婆婆纳和纳丽花，以及种类繁多的栽培月季。更深的粉色来自倒挂金钟、毛剪秋罗和叶子花。有时候想要更为繁盛的效果，我们可以用开花乔木和灌木，比如山茶、瑞香、丁香、绣球、北美木兰、杜鹃花和红千层，以及春季开花的樱花。

具有粉色叶片或结粉色浆果的植物

粉色叶片很罕见，不过有些日本枫拥有近乎粉色的叶片，红心凤梨、嫣红蔓、彩叶草和新西兰麻等也有粉色叶片。结粉色浆果的植物有白珠属植物、紫珠、毛核木、拟湖北花楸'粉浮屠'。

对页
在丁香紫色的大花飞燕草和粉色芍药的映衬下，老鹳草'帕翠夏'（上图）鲜艳的洋红色变柔和了。但洋红色还是可以做到很有冲击力的，比如在这个艳丽的搭配里（下图），在黄色的堆心菊、浅古铜色的紫叶茴香的完美映衬下，与毛剪罗秋相得益彰。

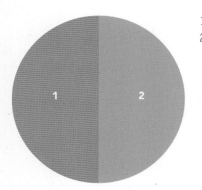

1　玫粉色
2　青绿色

1　莓粉色
2　深红色

组合 1

玫粉色和柔和的青绿色搭配营造出优雅、妩媚的美。这个色彩搭配低调、舒适又不无聊。这个组合细看之下更为精巧，主角是粉色的芍药，在修剪整齐的欧洲红豆杉的衬托下，搭配淡紫色的星芹、拥有紫色叶脉的黄水枝'铁蝴蝶'。观赏草柔和的花序在花境上方轻拂，营造出轻盈通透的美。

组合 2

有些粉色花本身就带有明暗度对比，比如松果菊'粉洋伞'。深红色的美国薄荷置于更暗的背景中，令前景的粉色花朵更加醒目。而大门的灰白色是粉色、红色和浅绿色的完美辅色，造就了一个宁静又不失激情的组合。

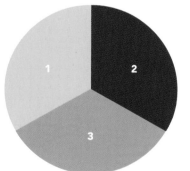

1 春粉色
2 暗紫色
3 碧绿色

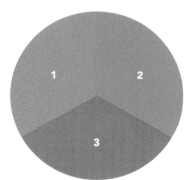

1 水红色
2 灰蓝色
3 牡丹红

组合 3

　　通常认为明亮的粉紫色用在花园里过于俗艳，常建议用于吊篮或是盆栽，然而那浓艳的色彩能提亮一些缺乏色彩的区域。在这里粉色的矮牵牛和双色美女樱搭配在一起，在碧绿色叶片的衬托下，为花园营造了一个粉色亮点。茼茼苏暗紫色的叶片更是烘托了它们。

组合 4

　　较浅的粉色和蓝色都是冷色。这两种颜色的组合可以舒缓人的情绪，用在花境里给人一种传统的感觉，用在这里的是羽扇豆、老鹳草和荆芥。

上图
秋英 '糖果条纹'

这种一年生开花植物的白色花瓣上带有多变的粉条纹。它们嫩绿色的羽状叶片令人赏心悦目。可用于花坛或花境的偏大型一年生植物。

高度：1 ~ 1.5 米
冠幅：0.5 ~ 1 米
光照：全日照
土壤：湿润但排水良好
花期：6—9 月
耐寒性：H3（一年生植物）

对页
醉蝶花

翻翘出来的、长长的雄蕊正是这种一年生植物"蜘蛛花"（译注：醉蝶花的英文通俗名 Spider flower）得名的由来。每一棵植株顶端长了无数的小花，茎干姿态优雅，还有开白花的；叶子像大麻叶。

高度：1.1 ~ 1.5 米
冠幅：0.1 ~ 0.5 米
光照：全日照
土壤：湿润但排水良好
花期：6—9 月
耐寒性：H2（一年生植物）

更多植物

麦仙翁
金鱼草'十四行诗的粉'
大丽花'幸福生活的粉'

千日红
三月花葵

粉色系多年生植物

对页
海石竹

海石竹缀满了整个欧洲的海滨悬崖，纸质的花从那浓密的暗绿色细丝般的叶丛中探出来。耐盐碱，也非常耐旱。

高度：0.1 ~ 0.5 米
冠幅：0.1 ~ 0.5 米
光照：全日照
土壤：排水良好
花期：8—9月
耐寒性：H5（耐寒多年生植物）

上图
芍药 '阿尔伯特·克鲁塞'

这个维多利亚时期的宠儿如今仍能让人眼前一亮。柔美的如月季般的花朵，茎干粗壮，用作切花很棒，它那墨绿色的叶片会在秋季泛近乎红色的光泽。

高度：0.5 ~ 1 米
冠幅：0.5 ~ 1 米
光照：全日照至半阴
土壤：湿润但排水良好
花期：5—6月
耐寒性：H6（多年生草本植物）

更多植物

北葱　　　　　　　　淡紫松果菊
偏斜蛇头花　　　　　红波罗花
美丽红漏斗花　　　　拳参'极品'

粉色系开花乔木

左上图
北美木兰 '乔·麦克丹尼尔'

具有圆柱形树冠的乔木，生长快，在早春新叶刚刚冒芽的时候开花。花朵形似郁金香，深粉色，内侧花色较浅。偶尔结出肉质的橙色种子。

高度：4～8米
冠幅：4～8米
光照：全日照至半阴
土壤：湿润但排水良好
花期：3—4月
耐寒性：H5（落叶乔木）

右上图
大花四照花

来自美国的山茱萸属植物，花小，黄色，但每簇花都由四片粉色的叶状苞片环绕。秋叶颜色很漂亮，红色的果子具观赏价值。

高度：4～8米
冠幅：4～8米
光照：全日照至半阴
水分：湿润但排水良好
花期：4—5月
耐寒性：H5（落叶乔木）

对页
东部樱 '红枝垂'

一种姿态优美的观赏樱花，树枝修长下垂，树冠舒展如同大遮阳伞。淡粉色的花朵群开，黄色的秋叶也非常好看。

高度：4～8米
冠幅：4～8米
光照：全日照
土壤：湿润但排水良好
花期：4—5月
耐寒性：H6（落叶乔木）

更多植物

矮合欢　　　　　　鲁道夫海棠
紫荆　　　　　　　木瓜
紫薇 '粉色狂想曲'　毛洋槐

粉叶植物

对页
香椿 '火烈鸟'

春季是它最美的时候，刚冒出来的新叶是蜜糖粉色的，然后逐渐变深，到了夏天就变成了绿色。随后白色芬芳的悬垂花序出现，别有一番风情。

高度：8 ~ 12 米
冠幅：4 ~ 8 米
光照：全日照
土壤：排水良好
花期：6—7 月（春季粉叶）
耐寒性：H4（落叶乔木）

上图
五彩芋 '粉色交响曲'

不耐寒的宿根植物，叶子长得像花窗玻璃，看起来很像假的。把它的块茎种在盆里可以方便搬进室内。冬季让它自然枯萎休眠过冬。

高度：0.1 ~ 1 米
冠幅：0.3 ~ 0.6 米
光照：半阴
土壤：湿润但排水良好
花期：7—8 月（夏季粉叶）
耐寒性：H1c（不耐寒球根植物）

更多植物

鸡爪槭 '设拉子'
欧洲水青冈 '紫三色'
长阶花 '万人迷'

矾根 '莓果冰沙'
红点草
红叶石楠 '粉色大理石'

粉花月季

左上图
月季'伯尼卡'

这种生长茂盛、常年开花的法国灌木月季可以孤植也可以种成篱笆。它的重瓣花有一股水果香，留在枝头不剪的话，秋天就会结出诱人的果实。

高度: 0.5～1 米
冠幅: 0.5～1 米
光照: 全日照
土壤: 湿润但排水良好
花期: 5～9 月
耐寒性: H6（落叶灌木）

右上图
缫丝花（原生种变型）

略带淡香的灌木月季，常见商品名为重瓣缫丝花。叶片边缘有细锯齿，花蕾和果实外密生无数的尖刺，像七叶树的果子一样。

高度: 1.5～1.8 米
冠幅: 1～1.5 米
光照: 全日照
土壤: 湿润但排水良好
花期: 7—8 月
耐寒性: H6（落叶灌木）

对页
月季'海德尔'

强健的攀缘月季，茎干暗绿透红，革质叶。花闻起来有丁香的味道，但不熏人；花瓣是白色的，边缘带红晕。

高度: 2.5～4 米
冠幅: 1.5～2.5 米
光照: 全日照
土壤: 湿润但排水良好
花期: 5～9 月
耐寒性: H6（落叶攀缘植物）

更多植物

月季'蔓粉晕'	月季'香李'
毛萼洋蔷薇	月季'达格玛夫人'
粉绿叶蔷薇	月季'性感蕾希'

粉色系开花灌木

对页
长阶花 '祥云'

一种株型整齐的球形常绿植物，叶片小巧镶白边，花期较长。花开到后期花色变淡，呈淡粉色。在规则式花园里是球形黄杨很好的替代品。

高度：0.1 ~ 0.5 米
冠幅：0.1 ~ 0.5 米
光照：全日照到半阴
土壤：湿润但排水良好
花期：7—9 月
耐寒性：H4（常绿灌木）

左上图
蔊梗花

一种很棒的骨架植物，枝条长而柔软下垂，花铃铛形。每朵花有小巧的黄色喉部，红色萼片比花瓣更持久。在寒冷的冬季可能会落叶。

高度：1.5 ~ 2.5 米
冠幅：1.5 ~ 2.5 米
光照：全日照
土壤：湿润但排水良好
花期：7—9 月
耐寒性：H5（半常绿灌木）

右上图
杜鹃花 '贝蒂'

适合种植在林间花园里的常绿杜鹃花，春季能欣赏到大量群开的粉色花。每一朵花的花瓣上缘散布少许红点，白色雄蕊优雅探出。

高度：0.2 ~ 0.8 米
冠幅：0.5 ~ 1 米
光照：半阴
土壤：湿润但排水良好
花期：5 月
耐寒性：H6（常绿灌木）

更多植物

粉花翅果连翘
短柄山茶 '乙女'
藏东瑞香

南鼠刺 '粉艾拉'
山月桂 '粉色魅力'
绯红茶藨子 '珀柯粉'

白

花园中的白色是一种纯粹的色彩，可以包容任何颜色。对热带地区来说，白色是必不可少的颜色，能够反射掉花园中大部分的光线，并与各种色彩组合形成对比。它的明暗程度受光强的影响很大，因此各种色调看起来有区别。在阳光强烈时，白色会显得很炫目，因此用在光线较暗的地方更为合适。

白色系

白色是一种纯粹中性的色彩。添加任何其他色彩后，就改变了颜色的深浅。添加红色就是极浅的各种粉色；加入黄色或橙色，可以产生奶油色和象牙色；加入黑色就是飞蛾的各种色调；加入棕色产生骨色和羊皮纸色；加入蓝色产生雪和冰的各种色调；加入紫色产生珍珠色；加入绿色就是水体的各种浅色调。白色在室内装潢中大受欢迎，因而它的色调比其他任何颜色都要多。

对页

白色能够让荫蔽的花境明亮起来。如图片所见，心叶两节荠（中上）和星草梅微小的白色花朵像泡沫般点缀在树冠下方。这个花境还包括柳叶梨'摇摆'（右上）、白花血红老鹳草（星草梅的左下方）、银叶艾'银女王'（前景，银叶植物）、桧葵属植物（右下）和角堇'晨曲'（左下）等植物。

雪白色　　　　烟熏白　　　　冰山白　　　　象牙色

柚白色　　　　奶白色　　　　贝壳白　　　　薄荷白

花园中的白色

在地球上，只有积雪覆盖的山脉和极地地区是白色的。在自然世界中，很难见到仅由绿、白两色组合而成的景观。

所有颜色中，白色不仅能反射最多的光线，而且它反射的热量也最多。在气候炎热地区，建筑物被漆成白色来保持凉爽，而在寒冷地区，房子被漆成黑色来吸收热量。白色容易染上污迹，很难保持干净。因此，在靠近土壤的硬质铺面和墙壁等处，要慎重使用白色，因为雨水或日常清洁可能会使这些表面被溅得到处都是黏黏的湿泥点。

新式的白色花园

纯白色的花园如果真的存在的话，看上去会显得严峻硬朗。如果植物形态多样化、叶色丰富，会使花园更有趣味，减轻白色带来的炫目感。参观一座白色花园时，你会发现花朵的白色是如此纷繁多样——它们大多并非纯白，而是带有轻微的黄、粉、绿、蓝等色调。

园丁和设计师们一直试图打造新型的白色花园，他们摒弃传统又浪漫的英式花园用色。这些花园用色自由，偶尔会加入各种浅蓝色甚至较深的紫色叶色，打造相对多样的背景，用来衬托白色的花朵。还可以用白色花朵搭配其他颜色来提亮整体配色，这和加入白色颜料获得较浅的色调是一样的道理。

如何运用白色获得最佳效果

白色的花朵是令人兴奋的，它标志着新季节的到来，通常它也是新季节中最早站上舞台的。要让白色的花朵脱颖而出，需要绿色或者至少是暗色（紫叶尤佳）的背景。而在灰色树叶的衬托下，白花的边界消失了，看起来像是隐形了。较暗的背景带来强烈的对比感，白花也就更为显眼。较暗的背景还有另外一个重要作用，在高光环境中降低白花的亮度。尤其在正午，那时白色显得过于炫目，看起来很不舒服。但所有的白花都会很快凋零，毁掉精心布置的草花花境的效果，所以尽早摘除残花。

开白花或具有白色枝干的植物

开白花的灌木很多，许多品种还带有宜人的香气。山梅花、荚蒾、丁香、月季、茉莉都是不错的选择。

具有白色枝干的植物如垂枝桦和华中悬钩子，可以为花园打造别致的冬日景观。

对页，上图

开白花的灌木能够为白色花境绽放大量的花朵。图中以荚蒾和绣球搭配高大的茅状腹水草属植物，在深浅不一的绿色叶片的映衬下，打造出十分亮眼的整体效果。

对页，下图

在这个宁静的花园中，最受瞩目的元素是糙皮桦（俗称喜马拉雅银桦）亮丽的白色树干和枝条。地被植物则使用了白色林地花卉，包括阴地虎耳草、心叶黄水枝、白花荷包牡丹、暗色老鹳草'相册'，并不时点缀着一些蓝色和黄色。通过白色碎石的铺设，白色效果被进一步放大，而深绿色和灰色作为背景很好地衬托了这一整幅图景。

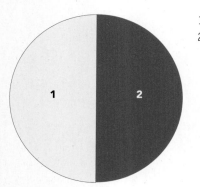

1　柚白色
2　猩红色

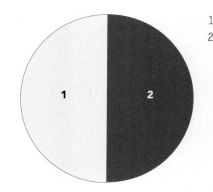

1　烟熏白
2　皇家蓝

组合 1

　　白与红是广受喜爱的经典组合，这两种颜色混合出来的效果保准不错。它们搭配自然。如图中简单的春日组合，杜鹃和玉兰，永不过时且美丽非凡。

组合 2

　　蓝与白则是另一款经典搭配。蓝与白的配色常见于海滨、布雷顿衬衫以及永不过时的餐具，蓝与白优雅且散发着简约的气息。大多数的白色花园都带有些许蓝色，而大部分蓝色花园也会掺杂着些白色。这两种颜色简直是为对方而生的。图中这一组夏日组合，由蓝色的荆芥和白色的月季搭配而成。

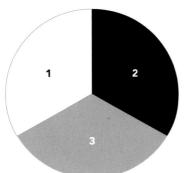

1 象牙色
2 接骨木色
3 丘比特蓝

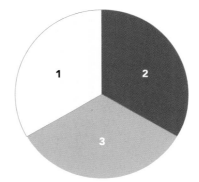

1 冰山白
2 林地绿
3 丁香紫色

组合 3

又见白与蓝，但这一次却又增加了稍显不祥的黑色。它为这个组合带来一些阴沉，让我们的眼睛游移在黑与白之间，不知该聚焦在哪一处。图中飘逸的山桃草与暗色的紫盆花'黑骑士'以及蓝色的蓝箭菊搭配，宛如一幅草场风情画。

组合 4

在图中的林地风格组合中，白色用得并不多，却在视觉上占据了主导地位。阳光被白色的毛地黄反射回来，吸引了观者全部的注意。可以留意到，白花与绿叶的对比相较白花与幽暗背景的对比，确实是差异巨大。这种差异需要有阳光才能显现出来。

白色系一年生植物

对页
秋英 '白灵'

　　和其他菊科植物一样，这种迷人的花卉有着类似蕨类的叶子，很适合用作切花。每朵花的花瓣数量并不固定。

高度：0.5～1米
冠幅：0.5～1米
光照：全日照
土壤：湿润但排水良好
花期：7—9月
耐寒性：H3(一年生植物)

左上图
大阿米芹

　　一种极为出色的切花，与胡萝卜的亲缘关系较近，数不清的微小白花聚集成伞状花序。它的色调柔和，能够融入任何颜色的花境。

高度：0.5～1米
冠幅：0.1～0.5米
光照：全日照至半阴
土壤：排水良好
花期：6—10月
耐寒性：H6(一年生植物)

右上图
大丽花 '白色阿尔瓦'

　　晚花型大丽花，巨大的花朵最大直径可达38厘米。在6月进行打顶，可以获得较长的花期。要获得较大的花朵则要不断摘除侧蕾。

高度：1～1.5米
冠幅：0.5～1米
光照：全日照
土壤：湿润但排水良好
花期：6—9月
耐寒性：H3(不耐寒草本植物)

更多植物

玻璃苣 '晨曲'
百可花 '雪花'
通奶草

二色唐菖蒲
屈曲花
林烟草

白色系多年生植物

上图
海滨两节荠

海滨两节荠与卷心菜的亲缘关系较近，它有着奇特卷曲的蓝灰色叶子。花朵虽很小，但花量大且芳香四溢。在一些地区是作为蔬菜种植的，相当耐旱。

高度：0.5 ~ 1 米
冠幅：0.1 ~ 0.5 米
光照：全日照
土壤：排水良好
花期：6—8 月
耐寒性：H7（耐寒多年生植物）

对页
大星芹 '毛茸茸'

这种新手友好型的多年生植物有着一簇簇白色小花，周围围着一圈毛茸茸的绿白色苞片。它能耐受各种气候条件，很适合用作切花。

高度：0.5 ~ 1 米
冠幅：0.1 ~ 0.5 米
光照：全日照至半阴
土壤：湿润但排水良好
花期：5—7 月
耐寒性：H7（耐寒多年生植物）

更多植物

夏风信子	大花延龄草
复苏银扇草	好望角樱烛花
矮桃	马蹄莲

白色系开花灌木

对页
圆锥绣球 '银钞'

如圆锥形山丘般的白色花朵非常持久，成熟时带有粉色和绿色的色调。这些花朵挺立在长有大而粗糙的叶子的长茎之上，冬天留着不剪别有趣味。

高度：1 ~ 1.5 米
冠幅：1 ~ 1.5 米
光照：全日照至半阴
土壤：湿润但排水良好
花期：7—9 月
耐寒性：H5（落叶灌木）

上图
月季 '白宠'

这种微型灌木月季开微香的白花，这些花朵在还是花苞时则是粉色的。花很小，花量却很大，且花期持续时间较长。

高度：0.1 ~ 0.5 米
冠幅：0.1 ~ 0.5 米
光照：全日照至半阴
土壤：湿润但排水良好
花期：7—9 月
耐寒性：H6（落叶灌木）

更多植物

杂交岩蔷薇 '艾伦·弗拉德'　　　七子花
桤叶树　　　　　　　　　　　　欧洲山梅花
北美瓶刷树　　　　　　　　　　粉团

上图
钻地风

这种落叶攀缘植物和绣球有亲缘关系，长有气根，可以附在树皮和其他物体的垂直面上。它的白色花朵很小，但外圈的白色苞片却很大。

高度：8 ~ 12 米
冠幅：2.5 ~ 4 米
光照：全日照至半阴
土壤：湿润但排水良好
花期：7—8 月
耐寒性：H5（落叶攀缘植物）

对页
铁线莲 '开心果'

开尖端呈绿色的大花，因此得名"开心果"。它属于三类铁线莲，春天要重剪，在重剪后长出的新枝上开花。

高度：1.5 ~ 2.5 米
冠幅：1 ~ 1.5 米
光照：全日照
土壤：湿润但排水良好
花期：6—9 月
耐寒性：H3（落叶攀缘植物）

更多植物

小木通	素馨叶白英 '相册'
月光花	络石
冠盖藤	多花紫藤 '晨曲'

花叶植物

对页
玉簪'缟玛瑙'

这种玉簪的叶子呈波浪状，叶面带有斑纹，可以让任何一片荫蔽的区域明亮起来。淡紫色的花也增添了些许趣味，但仍以观叶为主；要小心蛞蝓和蜗牛。

高度：0.5 ~ 1 米
冠幅：0.1 ~ 0.5 米
光照：半阴
土壤：湿润但排水良好
花期：6—7 月（一年大部分时间都可观赏花叶）
耐寒性：H7（耐寒多年生植物）

上图
马达加斯加延命草'薄荷花叶'

这种常绿藤蔓植物的白边叶片带有类似薄荷的芳香。叶片上方会长出浅蓝色小花。很适合用作夏季吊篮或全年室内观赏。

高度：0.1 ~ 0.5 米
冠幅：0.5 ~ 1 米
光照：全日照至半阴
土壤：湿润但排水良好
花期：6—9 月（全年可以观赏花叶）
耐寒性：H1c（不耐寒多年生植物）

更多植物
互叶梾木'银色'
花叶八角金盘
花叶阿尔及利亚常春藤

香根鸢尾'斑驳银器'
玉竹'斑驳'
三色鼠尾草

白色系枝干与树皮

左上图
糙皮桦

树皮颜色随树龄而异，从纯白色到粉色、棕色，各不相同，条状树皮剥落后会显露出新的颜色。可以剪去低处的分枝以改善整体形态。

高度：9～15米
冠幅：4～8米
光照：全日照至半阴
土壤：湿润但排水良好
花期：4—5月（树皮全年白色）
耐寒性：H7（落叶乔木）

右上图
华中悬钩子

它在冬季最为美丽，那时它犹如打过蜡般的白色茎干闪闪发光。在夏日里，它有着精美的裂纹叶子，花朵却有些不伦不类。到冬末需将它修剪到与地面平齐，以防过度扩张，同时也有助于保持茎干的色彩。

高度：2.5～4米
冠幅：2.5～4米
光照：全日照
土壤：湿润但排水良好
花期：6—7月（树皮冬季白色）
耐寒性：H6（落叶灌木）

对页
山桉

这是一种生长迅速的常绿乔木，叶子气味芬芳，并随着树龄增长从三角形转变为柳叶形。白色小花很有吸引力，树皮最初为棕色，裂开后显露出之下的白色。

高度：15～20米
冠幅：4～8米
光照：全日照
土壤：排水良好至排水不畅
花期：7—8月（树皮全年白色）
耐寒性：H5（常绿乔木）

更多植物

纸桦
垂枝桦
糙皮桦变种

椭圆叶桉
亚利桑那悬铃木
颤杨

灰

灰色是由黑色与白色混合而成的。和白色一样，它不仅本身是一种颜色，而且是其他颜色的基础。添加少量其他颜色可以使灰色从冷调变为暖调，从平淡变为丰富。灰色在建筑上是一种非常重要的颜色，在园林景观中也大有用途。

灰色系

灰色是由黑色和白色混合而成的，从最浅的云朵色度，到鸽子灰、石墨灰和灰尘的色度，再到近乎黑色。较深的灰色包括锡镴灰色、暗蓝灰色和铅灰色，最深的是炭灰色。通过添加棕色或紫色得到较暖的灰色，而添加蓝色或绿色可以获得较冷的灰色。

对页
虽然灰色是家居用品和服装的普遍选择，但灰色在植物中并不是一种常见的颜色。灰色植物常存在于质感柔和的地中海风格植物中，其叶片的灰色来自表层茸毛、鳞片或蜡质层的颜色。在这里，具有灰色尖叶的聚星草给花境带来独特的质感。其颜色与后方篱笆的金属环相呼应，给整幅画面带来活力。

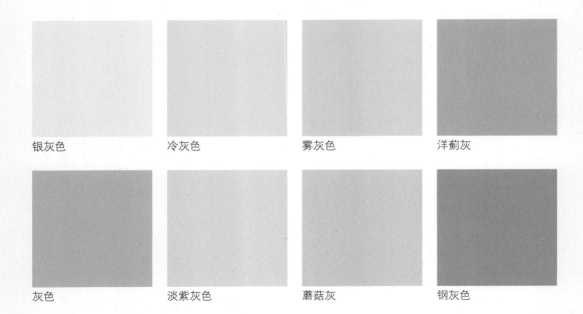

银灰色　　　　冷灰色　　　　雾灰色　　　　洋蓟灰

灰色　　　　淡紫灰色　　　　蘑菇灰　　　　钢灰色

花园中的灰色

灰色在花园中的运用相当普遍。由石灰石和黏土混合制成的混凝土是最常见的建筑材料，就是灰色的。很多坚硬的岩石，如用于建造墙体、屋顶和铺设路面的花岗岩、板岩和泥岩，也是灰色的。镀锌金属和风化木材同样是灰色的。

要在花园中添加灰色，最直接的手段就是使用硬质景观。许多在现代花园中常见的天然石材、水泥，都是灰色的。如果想要某个建筑元素隐没成为背景，灰色是很好的选择。

另一个我们对灰色常有的印象是影子。事实上，影子不是灰色的，而是由于阴影落下将物体表面的色调变得更暗，但我们认为那是灰色。在阴影中，光线较弱，柔化及降低色彩饱和度的原则也适用于此。

植物王国中的灰色

虽然我们可能不会认为植物王国是灰色的，但灰色的确在花园中天然存在。虽然有些树（特别是针叶树）拥有棕色的树皮，但如白蜡、山毛榉、花楸和槭树都有着灰色的树皮。白桦树皮有黑、白、灰三种颜色。

炎热干燥的气候和高强度的光照使植物对叶绿素的需求较少，大多数植物都有着白色或透明的茸毛或鳞片，能反射光线并捕捉水分。整体效果呈现一种"褪色的"不饱和色彩，我们把它归类为灰色。

搭配其他色彩

低光照水平通常意味着颜色变得不那么饱和。当阳光明媚变成乌云蔽日，或当白日将尽，明亮的色彩会迅速变成柔和的色调。淡雅柔和的颜色和灰色叶片变得近乎苍白。

当需要某种颜色的花卉来搭配灰色的叶片或硬质景观时，植物的选择格外重要。很容易出现的情况是，当将一种迷人醒目的花卉放置到浅色或灰色的花境中时，却发现它"消失"了。灰色有一种不同寻常的力量，能吸收周围颜色的活力。但这种效果往往是反向的。明亮的阳光被花朵反射，又同时被灰色的非反光背景吸收。这对红色、橙色和粉红色特别有效，会使花朵看起来光彩夺目。可以将花放置在混凝土或灰色石头上以达到这种效果。

对页

这些刺状的、如软垫般的地被植物都有着灰色的叶子，其中包括欧鼠尾草和意大利蜡菊，覆盖在植物上的薄霜突出了这种效果。尽管没有任何其他颜色，景致同样赏心悦目，宁静平和。

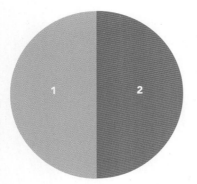	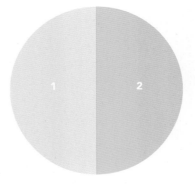
1 洋蓟灰	1 冷灰色
2 暗粉色	2 黄色

组合1

灰色是一种中性色，因此添加其他颜色都会令灰色更出彩。这使得灰色特别适合与较浅的、易被忽略的颜色搭配。此处灰色的迷迭香叶米花菊'银禧'和暗粉色的袋鼠爪'灌木珍珠'形成了一个奇妙的组合，明亮却不过分引人注目。

组合2

硕大刺芹的灰色叶片在堆心菊的黄色花朵和浅绿色叶子中就像银色的金属丝。这是因为中性的灰色不会与黄色竞争，却能点亮整个构图，让黄色真正地发光。

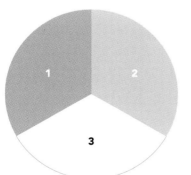

1 钢灰色
2 灰色
3 白色

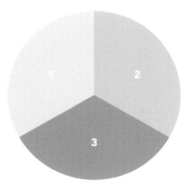

1 雾灰色
2 淡粉色
3 草绿色

组合 3

几乎所有颜色都在这宁静的组合中被冲淡了，这个组合包括意大利蜡菊、香雪球、欧鼠尾草和加勒比飞蓬。

组合 4

这组植物配置整体外观呈灰色，尽管它只含极少数真正灰色的植物。灰色调来自浅绿色叶片和羽毛状的植物，使这组植物充盈着光芒。银叶艾'银色皇后'强化了灰色调的效果。

毛茸茸的灰色叶片

对页
绵毛水苏 '大耳朵'

叶子上的浓密茸毛为这种植物赢得了形象的名字——"羊耳"。它们大部分是常绿植物，但在寒冷的冬天可能会枯死。花稀少，观赏性低，建议去除。

高度：0.1 ~ 0.5 米
冠幅：0.5 ~ 1 米
光照：全日照
土壤：排水良好
花期：5—7 月（叶片全年灰色）
耐寒性：H7（耐寒多年生植物）

左上图
欧鼠尾草

可食用的鼠尾草，银色叶片外形光洁，夏季从顶部开出迷人的紫色花朵。经常修剪能避免杂乱，建议定期收割这种草本的叶子。

高度：0.5 ~ 1 米
冠幅：0.5 ~ 1 米
光照：全日照至半阴
土壤：排水良好
花期：6—7 月（叶片全年灰色）
耐寒性：H5（常绿植物）

右上图
银叶菊

这种植物为人所熟知，有很多不同的名字（千里光、白妙菊、白布菊、雪叶莲）。不耐寒的草本植物，常作为一年生植物种植；黄色花朵建议去除。

高度：0.5 ~ 1 米
冠幅：0.5 ~ 1 米
光照：全日照
土壤：排水良好
花期：较少开花（叶片全年灰色）
耐寒性：H3（不耐寒草本植物）

更多植物

狗肝菜
伞花蜡菊
银白鼠尾草

卷绢
百里香
奥林匹克毛蕊花

灰色系蜡质叶片

上图
美国扁柏'奇尔沃斯银'

这种生长缓慢的柱形灌木是花境中完美的主景植物;幼苗盆栽可以达到同样效果。针叶树,不开花,作为背景亦非常完美。

高度:1.5 ~ 2.5 米
冠幅:0.5 ~ 1 米
光照:全日照
土壤:湿润但排水良好
花期:不开花(叶片全年灰色)
耐寒性:H6(常绿灌木)

对页
巴利龙舌兰

这种引人注目的多肉植物适应力强,只需要充足的阳光和排水良好的土壤。具有建筑感的叶片上排列着对比鲜明的尖刺;一生只开花一次,花后死亡,可补种替换。

高度:0.1 ~ 0.5 米
冠幅:0.5 ~ 1 米
光照:全日照
土壤:排水良好
花期:极少开花(叶片全年灰色)
耐寒性:H2(常绿多肉植物)

更多植物

西班牙冷杉'格劳卡'
意大利棕榈
四棱大戟

常青异燕麦
玉簪'翠鸟'

灰色花纹的叶片

对页
心叶牛舌草'寒霜'

　　拥有超长观赏期的叶片上方点缀着精致的蓝色勿忘我状花。触感粗糙的叶片能规避兔子和其他草食动物；是一种上佳的耐阴植物，只需要保持土壤湿润。

高度：0.1 ~ 0.5 米
冠幅：0.5 ~ 1 米
光照：半阴至全阴
土壤：湿润但排水良好
花期：4—5 月（叶片全年有灰色花纹）
耐寒性：H6（耐寒多年生植物）

上图
药用肺草

　　乡村花园的忠实伙伴。叶片虽可全年观赏，但在寒冷的冬天也会枯萎；管状花呈蓝色、紫色、粉红色或白色。

高度：0.1 ~ 0.5 米
冠幅：0.1 ~ 0.5 米
光照：半阴至全阴
土壤：湿润但排水良好
花期：4—5 月（半常绿，一年中大部分时间叶片有灰色花纹）
耐寒性：H6（耐寒多年生植物）

更多植物

细辛
日本蹄盖蕨
常春藤叶仙客来

矾根'银卷轴'
花叶野芝麻
朝鲜堇菜

灰色系硬质景观

左上图

    材质为薄板岩。图案来自 90°旋转创造的棋盘效果。

    材料：致密的深灰色板岩
    色彩来源：天然颜色。通过将板岩 90°变化方向创造图案
    色彩耐久：不变色。可能需要定期清理
    预期使用寿命 / 耐久度：在安装正确的前提下无限期

右上图

    三种色调的灰色石材与紫色和白色的花朵完美组合,石材的光滑与绿叶的质地形成对比。

    材料：天然石材，碎石，混凝土花盆
    色彩来源：天然石材 / 彩色混凝土
    色彩耐久：不变色。可能需要定期清理
    预期使用寿命 / 耐久度：无限期

对页

    光线会影响颜色。有些材料，如金属框和石板，能反射光线，而另一些材料会吸收光线，如砾石碎屑和粗糙石头。

    材料：镀锌金属框，方形碎石填充物，天然石材盖板，板岩屑
    色彩来源：镀锌金属丝，天然石材
    色彩耐久：在使用期限内几乎不会变色
    预期使用寿命 / 耐久度：至少 5 年。可能10 年以上。石材可永久使用

更多材料

镀锌金属篱笆
众多天然石材
大部分非着色混凝土和灰浆（原料为沙子和骨料的除外）

栏杆，格栅，花盆
风化木材

黑

你可以找到任何颜色的植物，除了黑色。黑色可以是一种强有力的表达形式，但它也可以是阴郁的，很难在花园中运用。黑色不会反射任何颜色的光。

黑色系

黑色没有明暗之分，但所有颜色都可以添加黑色调制出暗色。

对页

黑色在植物中极为罕见，大多数"黑色"的花实际上是深紫色的。这些忧郁的花朵很容易消失在阴影中，所以必须与更明亮的颜色搭配。幸运的是，绿叶为我们提供了完美的背景，就像这株金脉鸢尾一样。

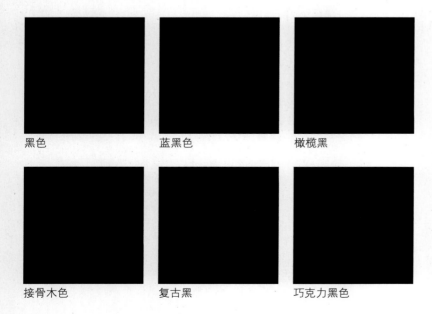

黑色

蓝黑色

橄榄黑

接骨木色

复古黑

巧克力黑色

花园中的黑色

黑色很难被运用在花园中。黑色主要以石头或者装饰物的形式被运用于硬质景观中。寒冷地区的建筑物有时会被刷成黑色，以尽可能多地吸收阳光的热量。建筑物在更多时候其实是深灰色的。黑色具有隐秘感，和灰色一样，被用来突出其他颜色。

黑色是一种背景色。花朵与枝叶要想在与黑色的对抗中脱颖而出，必须明亮而有活力。

黑色板岩、玄武岩和石灰石被用于路面铺设。黑色是一种经典的颜色，而且不显脏。然而大面积的黑色区域会让人感到压抑，而且黑色会吸收热量，这意味着在炎热的天气中路面会升温，光着脚在路面上行走会被烫到。

水景中的黑色

在现代花园设计中，你可能会看到纯黑色的水景，这是一种取巧效果。用黑色的容器来盛水，或者在容器底部放置黑色的鹅卵石，不但能保留水的反射效果，而且看起来更干净、明亮和卫生。

"黑色"植物

"黑色"植物极少——事实上，没有植物是纯正的黑色，大多数是深紫色、深紫红色或栗色。接近黑色的植物有铁筷子、美人蕉和郁金香，而且需要在适宜的条件下种植，它们才会接近黑色。一种比较公认的黑色植物是芋'黑魔法'。它们株型巨大，引人注目，但不是特别耐寒。黑色三色堇和鸢尾花是比较容易买到的最接近黑色的花卉。

至于"黑色"地被植物，主要有黑龙沿阶草，玫瑰花形的半边莲'黑松露'，以及匍匐筋骨草'黑扇贝'。叶色极深的紫叶接骨木和无毛风箱果'全黑'的株型巨大，种在花境后部或者红色或白色的花后面极有存在感。山麻兰'普拉茨黑'和紫竹具有雕塑感，令人印象深刻。

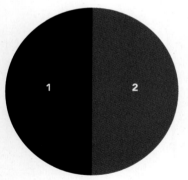

1　蓝黑色
2　暗苔绿色

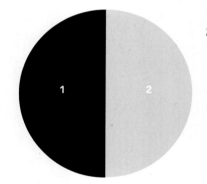

1　接骨木色
2　淡蓝色

组合 1

　　这里栽种蓝黑色的甘蓝，是为了取其颜色和质感。甘蓝并不是纯正的黑色，但它足够暗淡，让我们可以聚焦于质感柔软的绿色和暗粉色植物。如果换成其他亮眼的颜色，这两种颜色就暗淡了。

组合 2

　　黑色郁金香是比较容易买到的最接近黑色的花卉之一。数百年来，它们一直受到人们的喜爱。亚历山大 · 仲马的作品《黑色郁金香》就是以它们的名字命名的。这是一种引人注目的花，总能成为人们视线的焦点。它们在淡蓝色的勿忘我花丛中显得尤为美丽。

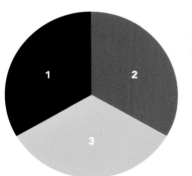

1 橄榄黑
2 红色
3 芥末黄

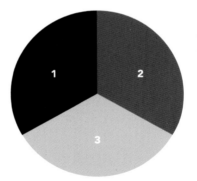

1 复古黑
2 咖啡色
3 青柠黄色

组合 3

这一黑暗而温暖的组合，颜色浓郁，活力四射。火红的红花山梗菜'维多利亚'散发出无限活力，雄黄兰'路西法'和堆心菊'莫海姆美人'提供了有力的支撑，而大丽花'约克主教'近乎黑色的枝叶则提供了完美的衬托。柔和的黄色大丽花和毛茸茸的粉红色芒草花穗平衡了色温。

组合 4

这是一组亚热带风格的植物组合。近乎黑色的多肉植物莲花掌'黑法师'是亮点。搭配着朱蕉'红星'和彩叶草莲花掌'黑法师'与众不同的青柠黄色花朵，在深色叶片的衬托下显得格外醒目。

黑花系开花植物

对页
大丽花'墨西哥黑'

这是一种枝叶茂密、株型紧凑的植物，黑色的花朵会逐渐褪色为红色，花朵中心则是形成强烈对比的金色。需要做好越冬保护措施，所以秋天时挖起块根，或者在霜冻使叶子枯萎后覆盖厚地膜。

高度：0.6 ~ 1 米
冠幅：0.6 ~ 1 米
光照：全日照
土壤：湿润但排水良好
花期：7—9 月
耐寒性：H3（不耐寒多年生植物）

上图
紫盆花'智利黑'

黑色到勃艮第红色的头状花序与白色雄蕊形成鲜明对比。叶形似似蕨类植物。花朵高高耸立，适合用作切花，具有香味。花谢之后会结出具有刚毛的圆锥形果实。

高度：0.5 ~ 1 米
冠幅：0.1 ~ 0.5 米
光照：全日照
土壤：排水良好
花期：5—9 月
耐寒性：H4（一年生或短暂多年生植物）

更多植物

杂交铁筷子'黑美人'　　　　报春花'金边蕾丝'
金脉鸢尾　　　　　　　　　董菜'莫莉·桑德森'
矮牵牛'黑色天鹅绒'　　　　马蹄莲'夜色边缘'

黑叶植物

左上图
黑龙沿阶草

极好的地被植物。这种观赏草会从如夜色一般的叶丛中抽出花柱，开出丁香紫色的花。将它与雪滴花搭配种植在漂亮的容器中，春天会形成鲜明对比。

高度：0.1～0.5米
冠幅：0.1～0.5米
光照：全日照至半阴
土壤：湿润但排水良好
花期：7—8月（全年黑叶）
耐寒性：H5（耐寒多年生植物）

右上图
匍匐筋骨草‘黑扇贝’

这种地被植物叶脉深邃，有光泽，颜色为深紫色到近乎黑色。迥异的紫蓝色花朵具有香味。它是林地花园或花境镶边植物的绝佳选择。

高度：0.1～0.5米
冠幅：0.5～1米
光照：全日照至全阴
土壤：湿润但排水良好
花期：5—6月（全年黑叶）
耐寒性：H7（耐寒多年生植物）

对页
芋‘黑魔法’

这种繁茂的、充满异域风情的多年生植物长着巨大的象耳状的叶子，水滴在上面滚动时颇为有趣。秋季挖出块茎，冬季储藏避免霜冻。它的花朵平平无奇。

高度：1～1.5米
冠幅：1～1.5米
光照：全日照至半阴
土壤：湿润但排水良好
花期：很少开花（夏季黑叶）
耐寒性：H1b（不耐寒块茎）

更多植物

莲花掌‘黑法师’　　　　大丽花‘8点后的特怀宁’
美人蕉‘热带美人黑’　　矾根‘黑珍珠’
辣椒‘黑珍珠’

黑色系硬质景观

对页

潮湿后，黑色的石板铺面看起来颜色更黑。一下雨，它就与明亮的绿叶形成强烈的对比。

材料：天然石材
色彩来源：天然石材
色彩耐久：不变色。可能需要定期清理
预期使用寿命 / 耐久度：无限期

上图

这个雕塑的形状与有棱角的小路相呼应。黑色表面只反射少量的光线，形成隐秘但又高度立体的结构。

材料：抛光混凝土
色彩来源：调色混凝土
色彩耐久：不变色。可能需要定期清理
预期使用寿命 / 耐久度：无限期

更多材料

阳极化处理的金属
碳化木
天然石材：玄武岩，黑色花岗岩，板岩

油漆
池塘衬垫
粉末涂料

棕

地球上除了绿色和蓝色，还有很大一部分是棕色的，那就是寸草不生的岩石、荒地和沙漠。在植物王国，棕色与腐朽、枯萎、生命周期的结束有关。但棕色也代表着金黄的庄稼和落叶，亦是秋天的颜色。如果和黄色、橙色、红色一起，就能调出各种温暖的棕色调。若与蓝色混合，则变成深紫，甚至近乎黑色。

对页
当绚烂如火的红色和黄色叶片照亮了秋日的阴郁天空，我们一定不能忘了身居要职的棕色。欧洲水青冈等树木留下满树秋叶迎接冬天，更带来了必不可少的冬季色彩。

棕色系

棕色由蓝色和橙色混合而成。添入红色和紫色，就能得到更温暖或者更为昏暗的色调，具体效果取决于配色比例。淡一些的棕色，比如淡棕色和深奶油色，都是低调柔和的色彩。中等明度的棕色，像咖啡色、黄褐色和焦糖色等，温暖又明亮。深棕色系包括深巧克力色、焦茶色和山胡桃木色。而红木色、栗色以及肉桂色，在棕色系里是相对偏红的颜色。

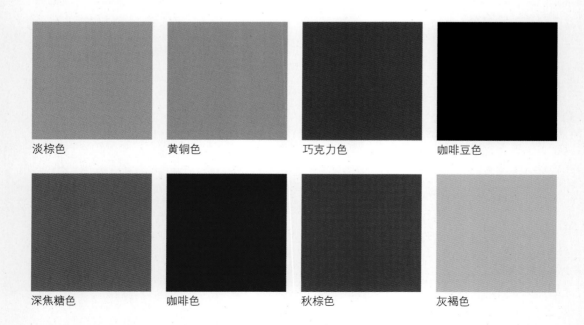

淡棕色　　　　　黄铜色　　　　　巧克力色　　　　咖啡豆色

深焦糖色　　　　咖啡色　　　　　秋棕色　　　　　灰褐色

花园中的棕色

我们的花园里其实藏满了棕色，只不过它一年的大部分时间里都躲在地下，等到秋天才会显露出来。棕色是一种在所有季节都适用的色彩，若要在所有颜色中做个选择，它或许会成为最稳妥的上乘之选。那些用石料、木材、泥土还有砖块等材料搭建的建筑物都是棕色的。与自然环境紧密相连的建筑架构也都呈现棕色或灰色。就像绿色一样，棕色会让我们联想起自然景观。但如果把棕色选作花园主色，我们就得调和所有那些更加令人兴奋的色彩。

总之，不建议在温带地区建造棕色花园；因为它们看起来毫无生气。但在气候干燥的地区、极地地区，棕色花园统统适用。环境决定一切。

铁锈之美

棕色也是铁锈的颜色，覆盖在生锈的钢铁表面的氧化铁就是棕色的。铁锈跟绿叶和水景搭配十分和谐。由于耐候钢的广泛运用，铁锈在花园中十分常见。它还有一个极大的好处就是无须维护。

搭配其他色彩

棕色属于暖色调，与同为暖色调的橙色、黄色配合得很好。它也能和红色、紫色组成一系列深巧克力色。较深的棕色容易显得沉闷，需要明亮轻快的色调相伴。深浅不一的乳白色能让色彩明亮起来，用途也十分广泛，但如果不加入一些更强烈的色彩，整体效果就会变成浅米色，让人觉得平淡无奇。

棕色和绿色是天生的一对，常出现在木本植物中。像格架栅栏这样的木质架构，不仅能取代树木等天然支撑成为攀缘植物的支架，就连颜色也和树木相似。攀缘植物的绿色叶片，以及花朵的颜色，都与木材的棕色成为天作之合。

开棕色花的植物

深棕色的花朵非常少见。像萱草属、鸢尾属、菊属、金光菊属、秋英属和柴胡属植物，以及某些一年生植物和特殊品种，已经培育出了棕色的花朵。

棕色系观赏草及种子

许多草本植物，如巨针茅、鞭果薹草、棕红薹草、狼尾草等，都会在秋天长出漂亮的羽毛状花序。俄罗斯糙苏、马鞭草、金光菊、景天、光绣球、起绒草、黑种草等植物则在冬日成为花园里的"骨架"。

对页，上图

要把棕色作为花园里的主色调，总是很难。但图中坚实的土墙、锈腐的钢架，还有直挺的木质立柱，共同作为细茎针茅和鸢尾'肯特骄傲'的完美背景。

对页，下图

深秋时分，直到大多数的多年生植物开完花留下种子，棕色才真正来到了花园。这些景天和金光菊属植物的种子和它们的花儿一样招人喜爱，为花园带来乐趣，而这乐趣持续整个冬天。

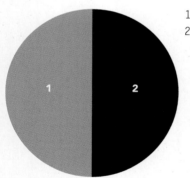

1 黄铜色
2 咖啡豆色

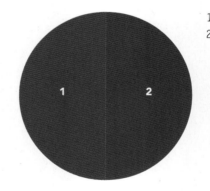

1 巧克力色
2 电光蓝色

组合 1

进入晚秋和冬季，棕色开始大放异彩。图中，松果菊和紫花泽兰结出种子，拉开了这场演出的序幕。一排尖拂子茅'卡尔·福斯特'以其羽毛状的黄铜色小穗将它们分隔开来。星芹花却依旧顶着些许粉红，在前景中残留一抹夏日的色彩。

组合 2

棕和蓝的组合在一些学校的校服上十分常见，但图中，牛舌草'平檐'鲜亮的电光蓝色和有髯鸢尾'嘉年华'的巧克力色对比鲜明，而鸢尾花上泛出的紫色又足以将它们呼应在一起。

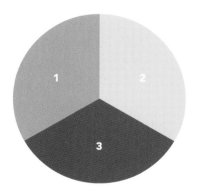

1 黄铜色
2 金黄色
3 巧克力色

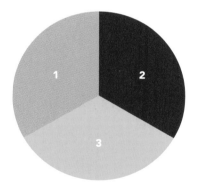

1 淡棕色
2 钴蓝色
3 柔粉色

组合 3

图中的棕色来自成片种植的观赏草，这里的品种主要是天蓝麦氏草'保罗·彼德森'。其目的并非制造焦点，而是为其他植物打造富有质感的背景。棕色正是一种绝佳的背景色。

组合 4

棕色来自草本植物，该组合中的植物则是巨针茅，它像一团火焰，从浓郁深厚的蓝色百子莲和柔粉色的月季上迸发出来。背后若有阳光洒下，这样的搭配在暗色的树篱或树冠前，将会格外赏心悦目。

棕色系种子

对页
起绒草

起绒草的总苞不仅让人大饱眼福，其种子是鸟类的饕餮盛宴，尤其受到金翅雀的喜爱。叶片粗糙带刺，开紫色花，圆锥形的头状花序从叶片上方高高探出。

高度：1.5 ~ 2.5 米
冠幅：0.5 ~ 1 米
光照：全日照至半阴
土壤：湿润但排水良好
花期：7—9 月（秋季总苞变为棕色）
耐寒性：H7（二年生植物）

上图
欧洲黑松

欧洲黑松是一种大型乔木，外形优美。漂亮的红棕色树皮和球果映衬着茂密的绿色针叶，球果还能用于室内装饰。

高度：12 ~ 18 米
冠幅：6 ~ 12 米
光照：全日照
土壤：排水良好
花期：不开花（全年挂棕色球果）
耐寒性：H7（常绿乔木）

更多植物
尖拂子茅'卡尔·福斯特'（种穗）
硕大刺芹（总苞）

高加索云杉（球果）
北美乔松'垂枝'（球果）
花旗松（球果）

棕叶植物

左上图
桦叶鹅耳枥

与大部分的落叶树篱不同，桦叶鹅耳枥的叶片会留在树上度过一整个冬天，只有强风吹扫或新叶萌发才会掉落。

高度：12～18米
冠幅：9～12米
光照：全日照至半阴
土壤：湿润但排水良好
花期：5月（秋冬棕叶）
耐寒性：H7（落叶乔木）

右上图
扁叶柳杉

这是一种常绿树，蓬松的针叶一年四季都留在枝头，却在冬季变成深浅不一的棕色，到了春天再变回绿色；其棕色球果也十分有趣。

高度：8～12米
冠幅：4～8米
光照：全日照至半阴
土壤：湿润但排水良好
花期：不开花（冬季棕叶）
耐寒性：H6（常绿乔木）

对页
欧洲水青冈

水青冈同鹅耳枥一样能将秋叶牢牢地留在树上，但叶片的质感大不相同，水青冈的叶片柔软光滑，鹅耳枥的叶脉纹路则非常明显。

高度：9～15米
冠幅：9～12米
光照：全日照至半阴
土壤：湿润但排水良好
花期：4—5月（秋冬棕叶）
耐寒性：H6（落叶乔木）

更多植物

发状薹草'完美铜红'	胡柏
美国尖叶扁柏	'铜色'麻兰
裂矾根'黄铜灯笼'	鬼灯檠'铜色孔雀'

棕色系硬质景观

对页

耐候钢即人们常说的考顿钢，常用来制造无须维护的庭院构架及容器，颇受欢迎。其棕色会随着时间迁移变得暗沉，它与任何颜色都搭配和谐，尤其是质地粗糙、富有纹理的绿色叶片。

材料：耐候钢——一种高强度的低合金钢材，表面会形成稳定的锈层
色彩来源：天然形成
色彩耐久：初始为黑色，随后迅速锈腐成明亮的棕色（如图）。2～3 年逐渐暗沉，变为深紫褐色
预期使用寿命 / 耐久度：30 年以上

左上图

木材能带来多种棕色调。淡红棕色的雪松木是现代风格的潮流之选。然而所有木材，若不经处理，在户外使用几年后都会变得灰暗。

材料：西部红雪松打造的凉亭、格架和长凳
色彩来源：天然形成
色彩耐久：初始为淡红棕色（如左上图）。如果不在表面刷上防紫外线清漆，使用两三年则会褪成银白色
预期使用寿命 / 耐久度：20～40 年

右上图

图中所有素材——夯土墙、瓦片，还有陶罐——均以黏土为原料，搭配起来和谐统一，在明媚的阳光下更是如此。

材料：夯土墙
色彩来源：原材料的天然色彩
色彩耐久：整个使用期内都不易变色
预期使用寿命 / 耐久度：使用期限的长短充满变数，取决于制作水准和气候条件。最好要保持干燥

更多材料

铺满树皮的花园小径
黏土制作的砖块、瓦片和容器
一些天然的石头

木材、家具、景观建筑

参考文献

[1] ALBERS, JOSEF. Interaction of Colour: New complete edition[M]. New Haven: Yale University Press, 2013.

[2] BAILEY, NICK. 365 Days of Colour in Your Garden[M]. London: Kyle Books, 2015.

[3] BUCKLAND, TOBY. Gardener's World: Flowers: Planning and planting for continuous colour[M]. London: BBC Books, 2011.

[4] CHIVERS, SUSAN. Planting for Colour (Hillier's Garden Guide)[M]. Exeter: David & Charles, 2005.

[5] COLES, DAVID. Chromatopia: An illustrated history of colour[M]. New York: Thames & Hudson, 2019.

[6] GLOVER, BEVERLEY J, WHITNEY, et al. Structural colour and iridescence in plants: the poorly studied relations of pigment colour[J]. Annals of Botany, 2010, 105 (4): 505–511.

[7] HALLER, KAREN. The Little Book of Colour: How to use the psychology of colour to transform your life[M]. London: Penguin, 2019.

[8] HOUTMAN, RONALD. Variegated Trees and Shrubs: The illustrated encyclopedia[M]. Portland: Timber Press, 2004.

[9] JACOBS, GERALD H. Evolution of Colour Vision in Mammals[J]. Philosophical Transactions of the Royal Society of London: B Biological Sciences, 2009, 364(1531): 2957–2967.

[10] JAMES, MATT. How to Plant a Garden: Design tips, ideas and planting schemes for year-round interest[M]. London: Mitchell Beazley, 2016.

[11] KASTAN, DAVID, FARTHING, et al. On Color[M]. New Haven: Yale University Press, 2018.

[12] LEE, DAVID. Nature's Palette: The science of plant color[M]. Chicago: University of Chicago Press, 2008.

[13] LLOYD, CHRISTOPHER. Succession Planting for Adventurous Gardeners[M]. London: BBC Books, 2005.

[14] LOSKE, ALEXANDRA. Tate: Colour: A visual history[M]. London: Ilex, 2019.

[15] MCLEOD, JUNE. Colour Psychology Today[M]. Alresford: O-Books, 2016.

[16] NASSAU, KURT. The Physics and Chemistry of Color: The fifteen causes of color[M]. New York: Wiley, 2001.

[17] NIKLAS, KARL J, SPATZ, et al. Plant Physics[M]. Chicago: University of Chicago Press, 2012.

[18] OYSTER, CLYDE W. The Human Eye: Structure and function[M]. New York: Oxford University, 1999.

[19] POPE, NORI, SANDRA. Colour in the Garden: Planting with Colour in the Contemporary Garden[M]. London: Conran Octopus, 1998.

[20] SHEVELL，STEVEN K. The Science of Color[M]. 2nd ed. New York：Elsevier Science，2003.

[21] WILSON，ANDREW. Contemporary Colour in the Landscape：Top Designers，Inspiring Ideas，New Combinations[M]. Portland：Timber Press，2011.

[22] YOUNG，CHRIS. RHS Encyclopedia of Garden Design：Planning，building and planting your perfect outdoor space[M]. London：Dorling Kindersley，2017.

致谢

我种植植物已经很多年了，在这期间，无数人给了我启发，帮助我成长，但这一切都始于我的妈妈凯伦和从超市买来的一株常春藤。谢谢妈妈！

罗斯 · 贝顿

我衷心感谢以下人士在本书创作过程中给予的帮助。

非常感谢我的合著者罗斯·贝顿,感谢他在园艺方面一贯出色的工作建议。布莱特出版社的全体员工，尤其是杰奎 · 塞耶斯和詹姆斯 · 埃文斯。感谢凯特 · 达菲，她出色地完成了本书的编撰工作，为我们寻找图片，让我们时刻保持警惕。珍妮 · 戴维斯为本书进行了文字性修改，Grade Design 公司为我们设计了如此精美的图书。我还要感谢托尼·海伍德，他是一位真正的色彩设计专家，是鼓励我的良师益友。我最要感谢的是我的妻子亨丽埃塔，她毫无保留地为我创造了撰写这本书的时间和空间，给予我鼓励和建议，让我的文字更加精彩。

理查德 · 斯内斯比

图片来源

出版者感谢版权所有者允许复制其图片。在使用所有图片时,我们已尽力获得版权所有者的许可。

但是，如果有任何不足之处，出版者乐意听取版权所有者的建议，并将在今后的版本中予以改进。

最后，感谢以下版权所有者为本书提供图片：阿拉米照片库、阿瓦隆、凯瑟琳 · 鲍尔多克、安德鲁·巴斯科特、马克·邦德、伊丽莎白·德本汉、德布、泽娜·埃利亚、埃琳娜·叶利塞耶娃、摄影蜂、米姆·福瑞迪、克莱尔·盖尼、蒂姆·盖尼、纱线照片、约翰·格洛弗、露西·格里菲斯、德里克·哈里斯、米里亚姆·赫佩尔、霍尔姆斯花园照片、马丁·休斯 – 琼斯、图片经纪人、厄尼·简斯、安吉拉·乔丹、安德鲁·基尔顿、克里斯·克纳普顿、尼克·库尔岑科、丁香、马克·博尔顿摄影、雷克斯·梅、科拉·穆勒、米勒 / 麦克照片、国家地理图片集、凯·林伍德、RM 花艺、埃伦·鲁尼、克利福德·罗兹、亚历克·斯卡雷斯布鲁克、简·特雷热尔斯、凯文·维亚、伊丽莎白·惠廷联合公司、乔·惠特沃思、罗伯·惠特沃思、费德里科·佐瓦代利、盖普图库、理查德·布鲁姆、马克·博尔顿、埃尔克·博尔科夫斯基、克里斯塔·布兰德、乔纳森·巴克利、约翰·格洛弗、杰里·哈普尔、汉内克·雷布鲁克、阿比盖尔·雷克斯、霍华德·赖斯、夏洛特·罗、西拉、尼古拉·斯托肯、乔·温莱特、乔·怀特沃斯、布伦特·威尔逊、私图库、英国皇家园艺学会、快门图库、克诺尔花园、理查德·斯内斯比。